まとまりがない動物たち

個性と進化の謎を解く

John A. Shivik
ジョン・A・シヴィック
染田屋茂・鍋倉僚介［訳］

原書房

MOUSY CATS
and
SHEEPISH COYOTES

ロバータとジョン・シヴィック・シニアに本書を捧げる
ふたりは、テレサ、ジョアン、エリザベス、マイケル、デイヴィッド、
それに私からなる個体の一族をこの世に生み出した。

あなたはほかのみんなと同様、
唯一無二の存在であることを決して忘れないように。
――マーガレット・ミード

まとまりがない動物たち　個性と進化の謎を解く

◉

目次

〔……〕は訳者による注記である。

第1章　わが愛猫と定説

実用性という点で言えば、うちの飼いネコはまったくの役立たずだ。

彼の名誉のためにひとこと述べておけば、彼は私と少々骨の折れる戦いを繰り広げており、私の評価もすべて彼の落ち度とは言えないかもしれない。私はこれまで決してネコ好きではなかった。知性を働かせれば、ネコと絆を結ぶのは無意味としか言いようがない。忠実で従順なイヌに比べれば、ネコはあまりにも独立心が強い。冷淡で、陰険で、わがままで、それでいて殊勝ぶって見せたりもする。飼い主であれ誰であれ、いっさい気にかけない小さなろくでなしであり、気にかけるとすれば自分がそうしたいときだけだ。まさに、条件付きの愛情だ。望んで、欲しがるだけ。好みにうるさいのでは、だって？　冗談じゃない。子供の頃の私は、食べ物の選り好みなどできなかった。

ネコをイヌと対比させて書くのはいかにもありきたりだ。ネコ派もいるしイヌ派もいるということでけりをつけるのもあまりに陳腐だ。とはいえ、気づいていない読者諸氏がいるかもしれないので、こう言っておこう。私は根っからのイヌ派なのだ。

そこに登場するのが、ピングイノ［スペイン語でペンギンの意味］だ。

ピングイノは私の数々の勝利の使者であり、私の破綻した結婚生活の証言者でもある。そういったものすべてを私とともにくぐり抜けてきた、いささか厄介な伴走者だ。彼は、ネコがもつという九つの命をフルに活用して生きてきた。ひどく不快な発声がお得意で、お腹をすかしたときのミャーは、ちょうど爪で黒板を引っかいたときの音質と調性になる。体の大部分が黒で胸に白が混じる、いわゆるタキシードネコで、昔、しょっちゅうスペインに行っていた頃にもらった無神経なプレゼントだった。

彼は私が選んだペットではなく、言うなれば元妻と私のあいだの受動攻撃性伝達不良の所産だった［受動攻撃性とは、怒りを直接相手にぶつけず、消極的・否定的態度や行動で攻撃すること］。当時妻が悩みを打ち明けていた男性は引っ越しをするところだったので、プレゼントで私を喜ばせて一挙両得をもくろんだわけだ。イヌ派の男にやかましいネコを贈ることで。私は何度目かのスペイン旅行の最中だったから、これは「伝達不良」ではなく、「伝達欠如」なのかもしれないが、いずれにしろ見たこともない幼いネコがわが家に来たのは間違いない事実だった。時差ボケの私が帰宅すると、ネコが挨拶代わりに私のつま先に襲いかかってきた。

「ミャーーーーーーーーオゥ」ネコは横柄に言った。

ピングイノの容姿は、さながら矛盾を絵に描いたようだ。すわると臀部が腰の両側にはみ出すし、尻は頭よりとんでもなく大きい。体形はまるで太りすぎのペンギンで、毛色は色のない白と、全色をいっしょくたにした黒に分かれている。だからその名前を付けた。左右ともに眉毛があるが、左は白く、右は黒い。つややかな毛並みに紛れて黒の長毛は見えにくく、白い毛だけ目立つので、眉毛は片方しかないように見える。デブで、騒々しくて、いびつな生き物だが、本人は一向に気にしていない。それどころか、私をねめつけて値踏みする。まるで私のほうが滑稽だとでも言いたげに。

一緒に暮らして、もう一〇年になる。二〇一〇年には、ユタ州ローガンからカリフォルニア州ビショップへ引っ越した。そこで彼は、トカゲ殺しとコヨーテいびりの達人になった。私が家族と暮らしていた小さな鉱山町の侘び住まいの支配者として、ピングイノは荒れ果てた分譲地を野生の小動物の地獄に変えた。野生生物学者である私は、彼が鳥や爬虫類に雨あられと死を降らすのを見て縮み上がった。野生生物協会《ワイルドライフ・ソサエティ》の、放し飼いと野生に返ったネコに対する見方は明快だ。「飼いネコは野生生物に法外な影響を与えており、おびただしい数の哺乳類、爬虫類、それに世界で少なくとも三三種の鳥類の絶滅の原因になっている」[1]。専門家の団体が、飼いネコによる非道な破壊を非難しているのである。ピングイノは放し飼いではなく家のなかで飼っているが、屋内・屋外を自由に動きまわり、その体のサイズにもかかわらず（あるいはそれを補うためか）、狩りが大好きだ。私は鳥の餌台を設置して近所の鳥の数を増やし、罪の意識をやわらげていた。トカゲたちはいささかでも意趣返ししようと、寄生蠕虫を送り出してネコの毛並みを荒れさせ、動きを鈍らせた。もっとも、ビショップのあばら屋で九か月過ごしたのち、カリフォルニア州ネヴァダ・シティに引っ越す前に、獣医がその問題を解決してしまったが。

ネヴァダ・シティへの引っ越しの最中、しばらくのあいだ元義姉の家にピングイノを預かってもらった。ところがピングイノは恩人の親切を拒んで、ロサンゼルス近郊で義姉が経営するウマの牧場の豪華な屋敷から逃走した。ネコの飼い主なら知ってのとおり、ネコは環境の急変に特に弱く、ピングイノはその衝撃を回避するために逃亡を選んだのだ。彼は乾燥した丘に姿を消した。逃亡から数週間たち、私の一家は牧場から五〇〇マイル離れたネヴァダ・シティの貸家に腰を落ち着けた。ピングイノは死んで、コヨーテの餌になったものと信じて疑わなかった。ある日、電話が鳴るまでは。かけてきたのはロサンゼルスの義姉で、彼女はピングイノを抱っこして受話器のそばに近づけた。

「ミャオー」と、いかにもわずらわしげに、ピングイノが鳴いた。すでに九つの命のうち三分の二は使い果たしただろうに、彼は戻ってきた。そして戻ってきたことに腹を立てていた。どうやら表皮を危うく剝がされかけたことより、飼い慣らされることのほうが不愉快らしい。それでも、キャットフード〈ミャオミックス〉と安全のプラス面を計算に入れて、戻ることを決意したらしい。要は、したいようにしたわけだ。

ネヴァダ・シティへの引っ越しはわが一家にとっても失敗で、結局またそこを離れなければならなかった。再度の引っ越しをする頃には、私は自分の飼いネコにいくらか同情するようになっていた。ネコの心が環境の変化によって傷つくことはよく知られている。イヌのほうは飼い主や周囲の社会集団と一緒なら、別の土地に移ってもおおむね平気でいられる。ネコに必要なのは、持ち物である。ネコに引っ越しをさせるときに大切なのは、一切合切を引っ越しトラックに詰め込むのではなく、慣れ親しんだモノをもっていくことだ。縫いぐるみのクマのプーキーとか。お気に入りの敷物を一、二枚もっていけば、新居に着いてもネコは親近感を抱いて、変化の衝撃を薄めることができる。

それは、長い歳月のあいだの三度目の引っ越しだった。とはいえ今回は、息子と私だけが昔住んでいた家に戻り、家族は別れ別れになった。ネコのためという名目で、私はピングイノをユタ州ローガンの慣れた環境へ連れ戻すと申し出た。これ以上、否定してもしようがない。白状しよう、ネコと私はチームメイトになったのだ。

私たちが出かけているあいだに、近所のネコたちがわが家のペット用ドアを発見した。帰ってみると、そのドアを利用してなかに入ったネコたちが、無作法にもピングイノの餌を盗んでいた。侵入が行われたのがかなり前であるのはすぐにわかった。ピングイノはキッチンの戸棚のてっぺんへと避難して、私が帰るのをいまかいまかと待ちわびていたからだ。私の姿を見るなり、彼は侵入者への不快感を訴えた。長時間の労働を終えたあとだったので、彼の大きな声が神経をさかなでした。

私は、ここが彼の家であることを改めて教えてやった。人間のほうは私の担当で、人間の泥棒は私が締め出すが、ネコの闖入者はおまえの担当だ、と。ピングイノはぴょんと跳び上がると、私に向かってミャオと鳴き、階段を上がったり降りたりして、先に二階へ行くようなそぶりをした。一段目に足をかけたところで、彼が足の前に飛び出してきたので、危うくつまずきそうになった。敵の姿がないことを確認して、彼のボウルに餌を満たすあいだ、彼は廊下で待機していた。用意ができると、空腹に追い立てられるようにボウルに顔を突っ込む。彼はキャットフードを頬張りながら、同時にミャオと鳴く芸当ができる。そんな声はいままで聞いたことがなかった。彼の声がキュートに聞こえたのは、それが初めてだった。

いまは夜で、ピングイノは疲れ、退屈して、私のあとからベッドへやって来た。マットレスの上に跳び上がる音は聞き逃しようがない。ボウリングのピンのような体形で、ボウリングのボールのように着地する。うまくそうと気づけば、股をずしんと踏みつけられる前に、下腹部をガードできる。たいていの場合、私の顔を見つめながらゴロゴロと喉を鳴らす音が部屋に反響する。続いて、私のわきに飛び込み、身を横たえる。その音と感触はコンクリートミキサー車に寄り添われているような気分にさせる。

それでもまだ私はネコ派ではないが、いつの間にかこのネコに魅了され、夢中になっていた。性格はどうにもいただけないが、大局的に見れば無害とも言える。なにより、その性格のおかげで数え切れないほどの物語を提供してくれた。どれもコメディに分類できるほど風変わりなエピソードだが。

ネコが自己中心的で、独立心の強い生き物と言われる理由は、私にも理解できる。それでも、ピングイノは並みのネコではない。唯一無二の生き物である。彼を知るにつれ、愛情深く、感情豊かで、人を頼りにしているのがわかった。ただし、彼なりのやり方ではあるが。しゃべるのは理解し難い独特な言葉だが、それでも彼なりの世界観が伝わってくる。一日以上家を空けるとひどく取り乱し、たとえ短い出張でも、帰り着くとミャオミャオ鳴きながら私のあとをついてまわる。もうひとつよくやる動きは、もしかしたらネコと関わっている人には見慣れたものかもしれない。執筆していると、机に上がってきて、キーボード上を何度か行き来する。私は彼を追い払って、タイプミスを直してやらなければならない。興味をそそられるのは、彼がしでかしてくれるさまざまなサプライズである。そこが彼の彼たる所以であり、ほかのネコとの違いを際立たせる。いまも私のわきにある窓台の植木鉢に体を押し込んでいる。お尻がマフィンのてっぺんみたいに、鉢の縁からはみ出している。尻尾を鉢植えレモンの幹に押しつけ、背中で花を窓と反対方向に押しやっているので、外の世界をほんの少し高みから見下ろせる。肩から下はいかにも滑稽だが、だからといって顔つきは不快そうでもないし、気後れしているようすもない。芝生をピョンピョン跳ねまわるカササギを馬鹿にしたようにねめつけている。

ピングイノがどんなネコでも好きになることを教えてくれたわけではないが、何か特定のものに目をとめ、絆を結ぶやり方を示してくれたのは間違いない。私が気に入っているのは、彼がひっそり佇む古美術品とはまるで違う点だった。逆に、彼の扱いにくさが好きだった。それが彼の個性《パーソナリティ》なのだから。

実際、その個性の強さにびっくりさせられどおしだ。自分が欲しいものが何かを確信しており、それを伝えることをためらわない。どんなに愚かに見えても、失敗を恐れず、がむしゃらに手に入れようと奮闘する。私が理想とした従順なイヌのように完璧な存在ではないが、当時の私に必要などんぴしゃりの相棒だった。このちびのおかげで、私は自分が望んでいるものと、本当に必要としているものの違いを学んだ。いまとなっては彼がいない家庭は考えられない。その理由は彼がネコだからではなく、ピングイノだからだ。

人によっては、個々の動物の感情表現について書かれた本などめずらしくもなんともないかもしれない。動物の心の動きについてはすでに多くのことが明らかになっており、とりわけオオカミやゾウ、クジラといったカリスマ性のある動物のことはよく知られている。[2] みんながみんな認めているわけではないが、動物、特に哺乳動物が感情をもっているという考えは目新しいものではない。[3] 一九八〇年代のジェフリー・M・マッソンとスーザン・マッカーシーの画期的研究など、数多くの著者がこのテーマを追求している。シンシア・モスはゾウの悲嘆と弔いの儀式の描写などを通して、ゾウの情動面を論じているし、G・A・ブラッドショーはゾウが心的外傷後ストレスの作用を受けやすいことを記録して、ヒトと動物の共通点を強調した。[4] チンパンジーが人間に似た感情移入をすることや、ボノボが抗争の平和的解決に熟達していることを示す調査結果は広く知られている。[5] 特に、昔から大きな脳をもつ高等動物と考えられてきたこれらの種については、情動をもつとする説はいまに始まったことではない。ダーウィンでさえ、チンパンジーなど類人猿をヒトと比較して、こともなげにこう指摘する。「サルの表現活動の一部は実に興味深い……確かに、ヒトのそれときわめてよく似ている」[6]

本書を書いた目的は、既成事実を再検証することではない。多くの人が直観的に、あるいは既存の著作を通じて知っていること――動物には情動も知性もあることを改めて述べ立てるつもりはない。本書の主眼は、特定の生物種は考え、感じているという認識にもとづいて、個体の特性が人間に、地球上の数多くの生物種に、そして私たちと彼らの関係にどんな意味をもっているかを探ることである。

動物の知性と情動については語るべきことがたくさんある。まず最初に、動物は全部が全部同じように感じているという考え方を私はとらない。たとえ同じ種でも、動物は個々にもっと複雑にできている。その情動反応、その個性はひとつひとつ違う。本書で私は、自分の動物の相棒との暮らしを観察した結果と逸話だけでなく、野生生物学者としての仕事から得た知見をもとに、ピングイノのように、どんな種類の動物も唯一無二であり、独自の個性をもっていることを示そうと思う。ヒトであれ、動物であれ、それぞれの独自の個性がお互いを結びつける絆になることも。第二に、私は曲がりなりにも科学者であるから、動物に個性があることを受け入れるだけでは満足できない。なぜそうなのかを究明するところまで手を伸ばすつもりだ。そしてもうひとつ、慣れ親しんだ領域を経巡って、ネコやゾウ、霊長類についての話をすることもできるが、今回はまったく縁のない場所まで足を伸ばしてみようと思う。ヒトとは縁遠い存在である恐竜やその現代の末裔はどうなのかも探ってみたい。

見つめられているのを感じて、私は洗っていた皿を下ろし、流しから振り返った。テラスの照明を背後に受けた鳥の影が戸口を覆う。彼女はなかへ入ってきた。ニワトリのウェズリーは探るようにクーと鳴くと、頭をもち上げ、体の側面をこちらに向けた。

「冗談だろう」私は心でつぶやく。

唇も歯もないニワトリは微笑むことができないが、それでも意思表示はする。相手をなだめるような音、やさしげにコッコと呼ぶ声、そっと喉を鳴らすような高い声。ウェズリーはプリマスロック種の雌鶏で、黒と白の横縞の体に立派なトサカと肉垂れがついている。丸々とした体をさらにふくらませ、野外テラスと私のあいだに立っていた。

「しっしっ」と、私は追い払った。ウェズリーは気取った姿勢でゆっくり歩き始めた。「外へ行きなさい」。私は彼女を捕まえて階段を降り、緑豊かな庭に追い出した。ニワトリは庭で虫を掘り出しているべきで、流しの屑を欲しがってはいけないと私は考えていた。

ウェズリーはほかのニワトリとは違っているが、その違いを簡潔な言葉で具体的に説明するのは難しい。人間は同じ種のヒト同士でも、相手の発するシグナルを読み取り、説明することに熟達しているとはとても言えない。もし熟達していれば、人生相談や夫婦カウンセリングがあれほど必要とされることもないはずだ。人間は自分の経験をもとに他人の動機を推測するのだが、親しい相手の意図を読み誤ってびっくりしているのだから世話はない。ここではニワトリの動機を説明するのが私の任務だが、本書を進めていくうちにどんどん困難な作業になるはずだ。なにしろ、私たち人間が共通する部分は少ないと考えている動物の個性を理解しようというのだから。

日によっては、ウェズリーがとても大胆なニワトリに思える。わが家のテラスに上がってきて、探索を行うからだ。ほかのニワトリは私の野菜畑を横目に、庭の奥の慣れ親しんだ場所に安住している。どうやらウェズリーは先を読み、自分のために新たなごちそうを見つけるチャンスに賭けているらしい。テラスとキッチンは、ほかのニワトリと争う必要のまったくない新しい環境である。そこに一羽でいれば、食事やカクテルパーティの最中に落ちたいろいろな食べ物のかけらを独り占めできる。とはいえ、それはかなり大胆な行動ではないだろうか。キッチンに入っても、すでに私が食後の掃除を終えているかもしれない。私はこれまで一度も彼女に害を加えたことはない。それどころか、どう見ても餌と水の提供元である。もしかしたら彼女は大胆なのではなく、単にちょっと頭がよく、好奇心が強いだけなのかもしれない。

繰り返すが、ウェズリーは私を、これまで何度もニワトリ小屋に粒餌や残飯を運んできたヒトと認識しているのだから、彼女には何か別の動機があるのではないだろうか。もしかしたら私の母親のように、食べ物を通じて愛情を伝えあっているのではないか。コッコ、クークーと鳴きながらキッチンのドアをよちよちと入ってくるのは、愛情の表現ではないのか。私のほうがその合図を誤解して、しっしっと追い出しにかかっているのでは？　ちょっとありそうもないとは思うが、本当のところはわからない。

もっとも、大切なのは彼女の正確な動機だけではない。行動面で、彼女がほかのニワトリと対照的であることも見逃せない。派手な頭巾をかぶったポリッシュ種のフィリスはウェズリーほど利口ではない。裏庭の雌鶏の一群と同じく内気な性格だ。冬の寒い夜にほかのニワトリが小屋に引きこもっているときでも、よくぽつんと一羽外に残り、氷柱《つらら》から冷たいしずくが落ちるのもかまわず、小屋のひさしの陰にすわりこんでいることがある。頭を覆う大きな羽の天蓋が氷混じりのしずくを通すのかどうかはよくわからないが、快適とはとても思えない。抱き上げて小屋に入れてやっても、とまどったような顔つきでおとなしくしている。ひさしが陰をつくる彼の指定席は夏であれば文句ないが、冬には不快きわまりない場所になるのを理解できないほど馬鹿なのだろうか。私が抱き上げてもおとなしくしているのは、肝がすわっているからなのか。

私たちは、「内気」「肝がすわっている」「利口」「馬鹿」といった言葉に足をすくわれる危険がある。見方を少し変えると、フィリスは一番の内気なニワトリとも言える。ほかのニワトリがウェズリーに率いられて新しい狩場を勇敢に進んでいくときも、フィリスはひどく気が進まないようすだ。彼女は小屋でお馴染みの粒餌を食べるだけで満足している。止まり木もいつも同じだ。彼女には、ウェズリーのような冒険志向はないように見える。

こうした行動を正確に表現する言葉は何だろう？　私には推測するしかない。冒険も、新しいことに挑む興奮も求めないものは、内気で意志薄弱ということになるのだろうか。あるいは、もっと適当な解釈があるのか。もしかして、フィリスが引きこもるのは禅の悟りの境地に達しているからではないのか。その瞬間を生きることで、完全に充足しているのでは？　のろまだとか、馬鹿だとかと呼んだ私は間違っていたのでは？　仏陀を、あか抜けない出不精と呼ぶみたいに。

それに、私たち哺乳類だけが個性をもっていると考えるのはどんなものだろう？　ニワトリ一羽一羽にそれぞれ特色があるのなら、ほかの動物種が同じであってもおかしくないはずだ。

私はずっと前から、毛色の変わった動物やその個性についての逸話が気になってしかたがなかった。それが楽しい話でも悲しい話でも、心につきまとって離れない葛藤をもたらした。私は自分を科学者の端くれと考えているので、科学的な著作のなかでは、動物が情動と知性をもつ個体であることをあからさまに考察するのを避けてきた。

私がこれまで動物の個性というテーマで書いてこなかった、いや書けなかったのには多くの理由がある。何はともあれ、いつ足をすくわれるかわからない危険な科学界でヤワに見られたくなかったのだと思う。それにしても、なぜ動物の個性の研究が科学界のエリートをそれほど動揺させるのだろうか。それにはいくつか理由が考えられるが、第一に挙げられるのが、定説《ドグマ》である。われわれ科学者には、はるか昔から容易に考えを変えようとしない伝統がある。ふたつ目は、最初の理由から生じる科学的根拠に欠けるという考え方である。もっとも、状況は変わりつつある。研究者も新たな文明開化の時代に足を踏み入れ、そこでは動物の個体の生活を覗き見したいという欲求——つまり、知的・情動的存在としての彼らを理解し、個性をもつことの進化上の理由を研究したいという欲求が徐々に高まっている。

どうして私は科学の限界のなかにはまり込んで安住し、個々の動物が見せるこれほどたくさんの複雑で驚くべき行動に目を閉ざしていたのだろうか。それは学校で、何より先に擬人化の危険を教えられたからだった。「擬人化《アンスロパモーファイズ》」という言葉はギリシャ語の「人間の形」から来たもので、もともとは人間とよく似た行動をとる古代の神々を描写するために生まれ、それが人間に似た動きをする動物を描写する際にも使われるようになった。私の受けた訓練は、一九八〇年代に流行った交通安全や少年犯罪防止のために実際の事故現場や刑務所を見せる教育手法「スケアード・ストレイト」に似て、科学の世界を守る門番の思考にもとづくものだった。要するに、動物にも人間に似た性格があると認めるのは、主観性というアヘンと科学の崩壊を導く入門麻薬であるというわけだ。

いまではなかば忘れられているが、卓越した生物学者が動物に精神と情動があることを認めたのは決して最近のことではなく、一八七二年にチャールズ・ダーウィンは『人及び動物の表情について』[7]〔浜中浜太郎訳／岩波書店／一九三一年〕でその説を採用している。ダーウィンと言えば進化論であって、動物の情動についての学説で知られているわけではない。なぜだろうか？ 彼の学説の多くがそれほど強い感銘を与えているというのに、動物に情動と個性をつくりだした進化的圧力に関する理論が世間から忘れられられたのはなぜなのか。ダーウィンは、人間と動物の生理機能の類似性が、類似した内的情動の存在も示していると主張するために、逸話をいくつか紹介している。人間と同じ筋組織の収縮によって、サルは喜びや快楽、悲しみ、失望、驚き、恐怖を表現する。なかでも怒りははっきり目に見えるもので、ダーウィンは人間が怒りで顔を赤くするのと同じく、「サルもまた、激情で顔を赤らめる」ことを認めている。

ダーウィンの偉業を手本にして、ジョージ・ジョン・ロマネスは人間にあまり似ていない動物種でもヒトに似た内部属性をもっているに違いないと推論した。[8] 彼の推測では、ミミズなど下等動物も驚きや恐怖を感じている。昆虫も好奇心を抱く。魚は遊んだり、嫉妬したり、怒ったりする。爬虫類は愛情を感じるし、鳥は高慢になったり、恐怖を経験したりする。哺乳類も当然そうした情動を備えているうえに、憎悪や残酷さ、羞恥を示すことがある。微妙とはいえ、動物それぞれに進化論的に重要な情動面での違いがあるとすれば、情熱や知性のレベルにも違いが生じる。ひとつひとつの個体は、自然選択が引き起こす独自の個性をもっているはずだ、とロマネスは主張した。ところが、『動物の知性 *Animal Intelligence*』なる本をものしたロマネスは、ヴィクトリア朝の英国には受け入れられなかった。

ロマネスやダーウィン、それに多くの同時代人が、人間には心のなかを見通せないし、ネコやニワトリの精神回路の言語を解釈することもできないと認めたこともあって、彼らの思弁的科学の優柔不断さが猛烈な揺り戻しを引き起こし、完璧な客観性を求める熱狂的な動きを生み出した。なかでもC・ロイド・モーガンは尊大にも、のちに「モーガンの公準」として知られる、白黒をはっきりさせた独断的な行動科学の「正しい」方法を提唱した。

「公準」はモーガンの比較心理学の大著のなかで具体的に説明されているが、その本で彼は行動分析の確たる規律をそれ以前より強く要求している。[9] モーガンは、動物の行動を擬人化したり、愛情ややさしさ、欺瞞といった高度の精神活動としてとらえたりせずに、最も単純で、観察可能な、機械論的解釈をすべきだと主張した。彼はまさにこう書いている。「ある行動が、心理学的尺度において低レベルの機能の働きから生じたものであると解釈できるのであれば、われわれはそれを高度な身体機能の働きから生じたものだと解釈することは決してないであろう」。[10] これこそ科学における節約の黄金律——最も単純なものが常にベストだとする「オッカムの剃刀」の動物行動学者による翻案である。動物には内的情動や野心はないと結論するほうが、あると推測するより単純なのだ。ときには、個体によって行動に違いがあることに気づいた生物学者もいたが、個性の存在までは受け入れられず、その言葉を使わないですむように別の言葉で概念を置き換えようとした。すなわち、「行動シンドローム」「対処様式」「動物の気質」「個体間変動」等々。モーガン流客観性なるものに到達するためには、ある程度の歪曲が必要だった。こうしてオッカムの剃刀が木々の裁断に使われたのだ。森の存在を忘れて。

教授たちは教理問答を通して「公準」を浸透させ、若き科学者である私は洗脳されやすかった。私が最初に行ったのは、動物の個性といった擬人化を控えることだった。「われわれはそれを高度な身体機能の働きから生じたものだと解釈することは決してないであろう」[11]。動物の行動に関する大学の教科書の著者は、傲慢な調子で熱烈に「公準」を承認した。「C・ロイド・モーガンの助力によって逸話的伝統は断ち切られ、そのおかげで比較心理学は今日、客観的科学の道を歩み始めている」[12]。聖モーガンはかく語りき。アーメン。こう繰り返し叩き込まれたせいで、私の擬人化拒否は高慢な侮蔑の域まで達した。動物を理解するために、人間の思考や感情をわずかでも紛れ込ませることは大罪だった。若さゆえに、人を馬鹿にするようになった。動物に感情や個性があると言う人々は非科学的で、優柔不断で、現実感覚のないセンチメンタリストだと断罪した。

そればかりか、私は行動を数学の方程式に変換して客観性を証明することが必要不可欠だと教え込まれた。「物理学がうらやましくてたまらない」生物学者は、科学的生物学を数学に変換する手段を探し求めた。方程式を使ってモデル化できるものだけが現実、というわけだ。動物は数値であり、名前のついた個体ではない。個体差は邪魔ものにすぎず、それが生じる原因は特定不能である。なぜなら、「われわれはそれを高度な身体機能の働きから生じたものだと解釈することは決してない」からだ。皮肉なことに、物理学者はクォークに「奇妙な《ストレンジ》」とか「魅力《チャーム》」といった風変わりな名称を付けて平気でいる。それに対して生物学者は、真正な客観性を証明するために時間外労働をしなければならなかった。

　生物学で使われる最も単純で、最も統計テクニックに依存している数学的手法は、平均や平均値周辺の母集団のばらつきである。この場合、正確な記述子を考案するためには、個体の測定値をグループ分けする必要がある。たとえば米国の成人男性の平均体重は現在、八八・五キログラムであり、女性は七五・三キログラムとなっている。[13]

こうした統計がなぜ問題なのだろうか？　まずなにより、平均値の人間などごくわずかしか存在しない点だ。ほとんどの成人女性の体重は五〇キロから一一四キロのあいだで、男性は六二キロから一二四キロのあいだだが、ぴったり七五・三キロの女性や八八・五キロの男性を見つけるのは難しい。実のところ、体重八八・二キロから八八・七キロのあいだの男性を見つけられる可能性は、わずか〇・〇〇九パーセントしかない。[14]平均体重の人は一〇〇人にひとりもいないのである。一〇〇人にひとりもいないのであれば、個人の特徴を説明するときに、平均体重にどんな意味があるだろう。それに、体重はひとつの要素でしかない。身長や髪の色、肌の色、行動など、さまざまな変数が存在する。

先駆的科学者レベッカ・フォックスは次のような説得力のある言葉を残している。「個体の行動の差異は、長く適応手段の周辺にある〝雑音〟として無視されてきた[15]」。野生生物学者の訓練を受けた私は、自分の科学的世界の重点が、統計の便宜のために生物学的に適切ではないものになっていることに気づいて驚いた。同一性が自然を動かすのではなく、差異が動かすのだ。平均だけが興味深いのではなく、個体の差異も興味深い。数学は研究者が平均を出すのに便利だが、ゾウやニワトリや私のネコについてはほとんど何も教えてくれない。平均的なヒトや動物など存在しないからだ。最近になって私の目からかすみを払ってくれたのは、「個体差の至近メカニズムについての知識が欠けているのは、おおむね行動科学と生理学の両方の研究が個体数に焦点を置いていることが大きい[16]」という一節だった。

それでも、私やその他の多くの人々が訓練で失ったものを取り戻すには、ほかにも必要なことがあった。モーガンの列車は容赦なく狭い線路を驀進《ばくしん》し、多様性の欠如した世界を走る窮屈な思考のレールにしがみついていた。たとえば、名前に関する誤謬《ごびゅう》がある。客観性の担保を急ぐあまり、科学者は個体を識別する代わりに、数字のなかに身を投じた。若い頃にもっとシェイクスピアに親しんでおくべきだ。ロメオ・モンタギューを思うジュリエット・キャピュレットの言葉——どんな名前で呼ぼうと薔薇は甘く香る、をヒントにすべきだったのだ。スペルに惑わされなければ、この名前の一幕がこの議論の重要性と本質を明らかにしているのがわかったはずだ。たとえウルフ832F「イエローストーン公園に生息した最も有名なオオカミ。二〇〇二年にハンターに射殺された」であろうと薔薇《ローズ》であろうと、名前があればその動物をほかのもののなかからすぐに特定できるではないか。

人間を例外化する誤謬もある。人間以外の動物、とりわけわれわれとよく似た内部回路をもつ哺乳類については、外部から見える活動をもとに内部の状態を推測することは妥当だろうか。もし別の種に同等の生理機能があるとすれば、彼らには発火する神経細胞《ニューロン》がないとするより、動物にも動機があり、情動によって動かされていると推測するほうが自然である。オランダの心理学者・動物行動学者フランス・ドゥ・ヴァールはこう力説する。「もしきわめて近い関係にあるふたつの動物種が類似した状況で同じ行動をとれば、その行動の背後にある心理プロセスもまた同じである可能性が高い」[17]。ピングイノに、おまえは満足しているかと訊くことはできないが、その落ち着いた態度と満足そうなようすがその答えを教えてくれる。

さらに、各個体がときにまったく同じ動きをするのを理由に、実際には全部同じものであるとする行動の還元主義［生命現象を物理学と化学の法則で説明しようとする試み］という誤りもある。刺激と反応だ。膝蓋腱《しつがいけん》を叩くと反射的に足が前方に跳ね上がるというだけで、みな同じだという証拠にしてしまう。もう少し複雑な、信号刺激という例もある。この動きはさらに入り組んだ反射作用で、教科書ではハイイロガンが巣の外に出た卵を取り戻す動きが例に挙げられている。[18] 巣づくりをしているガンのそばから卵が転げ落ちると、ガンは踊りの振り付けのように機械的な反応をする。それは同じ種のすべての鳥に共通する。ガンは前方に首を伸ばし、くちばしを左右に振って卵をすくい上げるようにして地面を転がし、巣に戻す。おもしろいのは、この動きには融通のきかない側面があり、いったん首を伸ばすと、あとは卵があろうがなかろうがダンスが続く。いたずらな科学者が、ガンがくちばしを振り始めたとたんに卵を奪いとると、ガンはまだ卵がそこにあるように、くちばしを振ってすくい上げる動きを続ける。専門用語を使えば、転げ落ちた卵は解発因《リリーサー》であり、解除の合図が届くまで、すくい上げる動きが続くことになる。

初期の動物行動学者はこうした例をもとに、動物はあらかじめプログラムされたマシンであり、機械的で愚かな存在だときめつけた。つまり、もし科学者がすべてのものの解発因《リリーサー》とその報酬を細かいところまで知っていれば、どんな行動も完璧に理解できるという考え方だ。「オッカムの剃刀」をぎりぎりまで使うことで、あらゆる行動を説明できる。まず遺伝的にプログラムされた刺激に対する初期反応があり、次に反応はときに報酬によって強められたり否定的結果によって弱められたりしてかたちを変えること。刺激－反応－報酬が刺激を変化させ、より強い反応を引き出し、刺激

―反応―苦痛が刺激となって反応を鈍らせる。それがオペラント条件付け［報酬や罰に適応して、自発的にある行動を行うように学習すること］、あるいは試行錯誤による学習として知られるものの本質である。かくて動物の行動はプログラミング言語へと還元される。

私たちを取り巻く動物の多様性を考えれば、還元主義を受け入れるのは無理があると思えるのだが、それでも動物はあらかじめプログラムされたマシンであるという考え方はいまだに象牙の塔にはびこっている。学者仲間が行動は「その因果関係の結果」以外の何ものでもないと語るのを聞いたことがあるのは、さほど昔のことではない。その同僚は、B・F・スキナーの理論を信奉する原理主義者だった。スキナーの考え方が一番はっきり表れているのは、たぶんテンプル・グランディンとの対話のなかだろう。グランディンが脳について知るのはどんなにすばらしいことかと述べると、スキナーはこう答えたという。「脳について学ぶ必要はない。われわれにはオペラント条件付けがある」[19]。スキナーは「学習」を理解するうえで画期的な貢献を果たし、科学に与えた影響には目を見張るものがあるが、彼の知的門下生の熱意は諸刃の剣となり、科学を何世代も退行させてしまった。彼らの下した結論は狂信的な番人たちに守られていた。

客観的行動主義教会の訓練を受けた侍者である私は、鍵のかかった独房に閉じ込められ、動物が内面に情動状態をもっていることを受け入れられなかった。そのせいで、次の重要なステップに踏み出す可能性を全部ふさがれていた。すべての動物がプログラム可能な装置であり、そのうえ数値であるのなら、個体間の差異という考えは邪魔なものでしかなく、少なくとも彼らの行動の一番重要な特徴ではなかった。私は、最初は観察を通じて、次に訓練中に身につけた定説を忘れることを通じて、動物の行動の重要性はそれを起こした原因だけではなく、個体間でどう違うかということにもあるのを発見しなければならなかった。

　最初に独房の壁にひびが入ったのは、道具の使用に対する信仰に疑問が生じたときだった。ヒトである私たちは繰り返し、動物はしていないが自分たちはしている独特のことを探し出そうとする。ところが、自分たちがうまくやれることの重要性を誇張するあまり、動物が彼らにしかない技術や能力を使ってなしとげることの意義深さを見逃す危険を冒してしまう。どうかすると私たちは、ヒトやサルのように親指をほかの指と向きあわせることができないといった生理機能を理由に動物の限界を指摘するのに気をとられ、彼らの行動がそうした身体的限界を超えるものであることを無視する。そのために、ヒトが動物とは違う、とりわけ特別な存在であると考える傾向は、宗教界だけにとどまらない。宗教とは関係のない場面でもそういう考え方がされている。

　たとえば私も生物学者になる前から、ホモサピエンスが特別なのは道具を使うただひとつの種だからだというお題目を知っていた。科学者も一般の人々も等しく、同じヒト中心の風潮によって型にはめられ、ヒトの優越性にしがみつこうとする。私が生まれる前にすでに、K・R・L・ホールとジョージ・シャラーが書いた、ラッコは特定の作業には特定の石を選ぶという小論[20]が発表されても、その傾向は変わらなかった。やがてサルたちになにがしかの敬意を払い、ヒトとの距離を縮めたことで、道具利用の研究は大きく発展した。それでもまだ、私が研究を始めた頃には、もっと広い可能性があることを初めて知って、目からうろこが落ちた気分だった。チンパンジー、オランウータン、ボノボは道具を使うだけでなく、複雑な作業には複数の道具を選んで用いるのを知った。彼らは食べ物を手に入れるために、適正な短い道具を選び、適正な長い道具を得るためにそれを使う。カレドニアカラスは器用な道具使いとして名高く、いくつか種類の違う道具を順番に使うことができる。[21] 哺乳類でないばかりか、手もないというのに。

事実、動物は地上で、木の上で、空中で道具を使う。二〇〇五年には、とうていありえない場所でそれらしきものが見つかっている。研究者が西オーストラリアのシャーク湾でダイビング中に、野生のイルカが海底で海綿を探しているのに気づいた。どんぴしゃりのものを見つけると、イルカはその海綿を、餌の魚を求めて海底を浚《さら》う探査器として使ったという。[22] 道具使用の定説もまた、証拠の不在を不在の証明と仮定してしまうお粗末な科学の一例である。ヒトもほかの多くの動物も間違いなく道具を使っている。ヒトだけを特別視することはできない。

ヒトの特異性を裏付けるもうひとつの定説化された「証拠」は、観察から得た人間の状態の別の側面――大脳の左右半球の機能分化である。つまり、利き手の問題だ。人間のおよそ九〇パーセントは右利きである。[23] だからといって、われわれは特異だと言えるだろうか？　二〇一一年に、ビル・ホプキンスとその協力者たちがわれわれの最近親者であるチンパンジーの調査を行った。四つの生息地で七〇〇頭以上を調べたところ、この小型のサルのほとんど（六〇～七〇パーセント）が右利きであると判明した。[24] 米国以外の地域の研究所が追試を行った結果、ザンビアからスペインまでサルの利き手の偏りが確認された。[25] コモンマーモセットは片方の手をもう片方より好んで使うが、それは平均値を見ても判別できない。この種は右利きと左利きが半分半分なのだ。[26] ヒトとよく似た霊長類は大目に見られることが多いが、もう少し遠くに目を向ければ、有袋動物のようなヒトとはかけ離れた種にも片手をもう一方より好む性質が見られる。両脚と尾の三脚で休むアカカンガルー、レッドネックワラビー、イースタングレーカンガルー、フサオネズミカンガルーは圧倒的に左利きが多い[27]。北米のヘラジカ、ムースにも利き足がある[28]。

科学研究の進歩だけが、ヒト中心の世界観から私の目を開かせてくれたわけではない。もうひとつのきっかけは、私の愛犬グレッチェンが、人間の傲慢さと、ほかの動物とは違うものでありたいと願う欲求が思考をどのようにくもらせるかを知る手助けをしてくれたことだった。最近、著名なジャーナリストで『ナチュラル・ボーン・ヒーローズ――人類が失った〝野生〟のスキルをめぐる冒険』［近藤隆文訳／NHK出版／二〇一五年］の著者であるクリストファー・マクドゥーガルがKUERラジオウェストのインタビューで、ヒトと動物をはっきり線引きしているのを耳にした[29]。彼の説では、投げるといった単純な動きがヒトと動物の世界観の根本的違いを表しているという。彼がそのとき語ったところでは、山なりのボールにしろトスにしろ、われわれ人間は未来の要素を予測し、コントロールすることを学ぶ。石や槍を投げるときはその着地点を認識し、意図してそこに狙いをつけている。ヒトは未来を予測しコントロールする能力を活用するが動物はそれをしない、とマクドゥーガルは主張する。それを聞いて、私はグレッチェンのことを思った。彼女独特の、オリンピックのやり投げ選手さながらの磨き上げた能力のことを。

だらりと垂れた耳と丸々とした脚――ジャーマン・シェパードの子犬ほど愛らしいものはそうそういない。生後八週間のグレッチェンも例外ではなかった。私は子犬のほうが子猫より数倍かわいくておもしろいと思っていたから偏見があるのは認めるが、グレッチェンは並外れた生き物だった。ほかのイヌとはまったく違っていた。

当時私は大学生だったので、自由気ままとは言わないまでも、時間の融通は利いた。毎朝八時に、グレッチェンと一緒に公園までジョギングすることで一日を始めた。彼女は公園で障害物を飛び越えたり、トンネルをくぐったりすることを覚え、柔らかいフリスビーをキャッチするごほうびをいたく気に入っていた。私にできて彼女にできないこと、それは物を投げることだった。とはいえ彼女にできて私にできないこともあった。目に見えない足跡を追跡することなどだ。

グレッチェンと過ごす時間が多くなればなるほど、認知と個性の見かけ上の違いがあいまいになっていった。能力には序列があるという私の内なる偏見にひびが入り始めた。グレッチェンは問題解決者であり思想家だった。彼女は遊ぶこともできるが（イヌなのだから当然だ）、同時に私にも馴染みのあるやり方で理路整然と考えることもできた。私の知っているほかのイヌ、たとえば憑かれたように物を取ってくるボーダーコリーなどは、いつも「ボール」と「棒」のことしか頭にないようだが、おとなしくすわっているときのグレッチェンは、まるで宇宙についての謎を解いているかのように思える。彼女の目を見ると、$E = mc^2$ の概念を検証しているみたいだ。「おおむね正しいが、何か欠けているものがありそうだ……」と。深い思考と未来の予測ができるかどうかはじかに測定できないが、彼女の行動、とりわけ彼女の学習の仕方を観察すれば十分推測できた。

グレッチェンは学ぶのが速く、しかも熱心だった。私は彼女に、命令されたら跳び上がることと、障害物を飛び越えることを教えた。水に飛び込むこと、梯子を上ることも。ふたりで何年か訓練を積んで、コロラド州ロリマー郡の捜索救難隊に入れるほどになった。

パーティの余興で、グレッチェンに冷蔵庫からビールを取ってこさせることがよくあった。命令を聞き分け、キッチンへ行き、冷蔵庫の扉を開け、ビールをくわえ、缶を引き出し、冷蔵庫の扉を閉めるまでの一連の動作が行われる。いつもやんやの喝采を受けたものだ。こうした複雑な作業をイヌに教え込むには、全部の動作を一度に教えないのが肝心だ。全体を各段階に分け、一度にひとつずつ覚えさせるほうがずっと簡単で、あとでそれらを鎖のようにつなげばいい。

最初はグレッチェンとビール缶で遊ぶことから訓練を始めた。私は缶を転がし、そのたびに「ビール」と言った。何か物を取ってくるゲームはグレッチェンもすでに心得ており、それを楽しんでいたから、言葉と缶を結びつけ、私が「ビール」と言うと缶をもってくることを覚えた。彼女はまた、強く噛むと穴が開いて泡が噴き出すことにも気づいて、すぐに自分なりに穴が開かない程度の強さで缶をくわえるやり方を発見した。

次の段階は、冷蔵庫の扉を開けることだ。私は綱引き用のロープを取っ手に結び、彼女の目の前にそれを垂らした。「開けろ」と命じると、彼女は遊びのつもりでロープを引き寄せる。それを引っ張ると、扉が開いた。最初は驚いたようだったが、私はすぐにゲームに勝ったことをほめてやった。何度か試しているうちに、彼女は「開けろ」が冷蔵庫の取っ手を引っ張ることだと明瞭に理解した。

それをきっかけに、どんどんおもしろくなった。私は初めて、イヌが――少なくとも一頭のジャーマン・シェパードが過去にもとづいて未来を推定するやり方を知った。それはマクドゥーガルの言う原始人が槍を投げるときにする準備とはまったく違うものだった。

私自身、ビールを取ってくることと冷蔵庫の扉を開けることをどう結びつけているかわからないが、このまったく違うふたつのことを結びつけるにあたって、グレッチェンの頭のなかではそれこそ無数の試行錯誤が行われているのだろう。驚いたことに、この試みは一度ですんだ。私がやったのは、グレッチェンを冷蔵庫の前にすわらせることだけだった。彼女に缶を見せ、次に冷蔵庫を開けてなかに缶を収めた。それから扉を閉めると、「ビール」と命じた。

グレッチェンは立ち上がり、私のほうを見てから、冷蔵庫に目を移した。頭を上げ、数秒間とまどっていたが、やがて扉の取っ手を引っ張った。扉が開くと、ビールの行方を目で追う。彼女はビールがそこにあることを知っていた。すぐに缶をくわえて、私のところにもってきた。グレッチェンは扉の後ろに何があるかを心得ていた。問題を考え抜き、正しく段階を踏んでそれを解決した。彼女には視覚化の能力があった。すぐに視界から消えてしまったものに狙いを定めることができた。

科学の研究論文や講演は必要不可欠なものではあるが、私にはイヌがどんなふうに理路整然と考え、未来を予測し、ばらばらの点を一本につなぐことができるかを見せてくれた一頭のジャーマン・シェパード以上に精密な例証は必要なかった。もっとも、すべてのイヌが理路整然と考え、未来を予測するわけではない。おそらくグレッチェンは例外で、ほかの多くのイヌにはパズルを解くことができないのだろう。だが、そこが肝心なのではないだろうか。それぞれのイヌには、別々の能力があることが。

研究生活に入ってこのかた、私はほとんどコヨーテとともに働きながら――あるいは、少なくとも彼らが起こすトラブルに対処しながら、頭のなかに動物と事件のスクラップブックを作成してきた。もし特定のコヨーテないしオオカミへの愛着を認め、自分の観察結果を強調したら、私は客観性を失ったことになるだろうか。

イエローストーン国立公園で、カリフォルニア州リー・ヴァイニング近くの大盆地グレート・ベースンの端で、シェラネヴァダ山脈のレイク・タホ地域で、私は調査研究のためにコヨーテを捕獲し、首輪を付け、追跡した。七年間、コヨーテを数百頭収容する研究施設を管理しながら、コヨーテ（学名 *Canis latrans*）を研究する数多くの学生を指導してきた。長年、遠吠えの得意な小柄なイヌ属と私の暮らしは、研究上のことだけでなく、プライベートな意味でも密接につながっていた。

おおかたの動物学者も同じだろうが、私は最初に、捕獲や発信器付き首輪の装着など短い出会いを通じて、個々のコヨーテを見分けるようになった。野外調査において、それも対象が大型で、広い範囲を歩きまわる秘密主義の動物の場合に欠かせないのが、発信器付き首輪である。それが発する信号によって、動物学者は姿が見えなくても動物を観察できる。たとえば修士課程での研究のために、私はコヨーテが家畜のヒツジをつけまわしてはぐれたヒツジを捕らえるのか、あるいはさすがの襲撃者集団も縄張り意識が強すぎてふだんの行動範囲のなかにとどまるのかを知りたかった。家畜のヒツジを追跡するために、私は一頭に発信器付き首輪を付けた。これは簡単な作業だった。相手がコヨーテとなると、もう少し注意を要した。コヨーテの捕獲は生やさしい作業ではなく、やり方を学ぶのに大いに苦労した。言うまでもなく、そのコツが本当に身についたのは、事がスムーズに運んだときではなく、斜面を猛スピードで駆け下りる彼らを何度か捕獲してからだった。[30]

性格的にはほとんどのコヨーテがおとなしく、こそこそ動きまわる小心の生き物とよくそしられるのは、彼らが実際にそうだからだ。捕食者ではあるかもしれないが、普通は用心深く臆病な被食者のように振る舞う。彼らが捕食するのは、ネズミやウサギなど自分に害をおよぼす力のない動物がほとんどである。捕獲したり首輪を付けたりするときは、彼らの捕食者的性格は考えずにすむ。コヨーテは通常、人間と出会っても立ち止まって戦いを挑むようなことはないからだ。だいたいのコヨーテがそうである。

普通、捕獲は相手を追いつめ、罠にかけて動けないようにする。コヨーテは地面に腹ばいになり、従順に尻尾をまるめ、捕獲者と目を合わせない。そうしたしぐさが降伏の意思表示であり、私がまるで群れの頭領でもあるかのように慈悲を乞う。当時の私は、コヨーテ語を少なくともその程度は解することができた。冷静かつ有無を言わせぬ態度で罠にかかった動物を押さえつけ、片手で鼻口《びこう》部を包み込んで相手を支配する。それができれば、鋭い歯という武器は無力化される。あとは粘着性のある獣医用のラップを口に巻きつけ、同じもので両脚を縛るだけですむ。コヨーテを罠から解放するときには、健康診断をして、計測を行い、発信器付き首輪を付けて放してやる。手順は事務的に進められる。

もっとも、一頭だけ普通と違うやり方で拘束を行ったことがある。[31] 従順なペットではなく、対等な相手として扱った。罠の麻酔装置の中身を吐き出したのか、あるいは麻酔剤の効果が体におよばなかったのかどうかはわからない。彼は明らかにほかとは違う個性をもっていた。おどおどした被食者に見えるおおかたの同類とは違い、森と野原の主《ぬし》にふさわしい大型のオスのコヨーテだ。被食者とは正反対の捕食者的性格の持ち主で、攻撃的かつ尊大だった。

最初に押さえ込んだとき、これまで経験したことがないほど暴れた。それでも、この手順にはいくらか経験を積んでいたから、比較的楽に鼻口部を捕まえ、片手で包み込むことができた。まず前脚二本、次に後脚二本を縛って、脚が動かないようにした。身動きできなくなると、彼は静かになった。だが、それもほんの一瞬だった。私が立ち上がって発信器付き首輪を取りに脇を通りすぎようとしたとき、よろめくように身を起こすと、鼻面を地面にこすりつけた。その動きで獣医用ラップが口から剝がれた。

時間の進み方が急に遅くなった。

私は「よせーーーー!」と叫んで、よろよろと立ち上がろうとするコヨーテを捕まえようと手を伸ばした。良かった点は、彼が逃げ出す前になんとかつかめたこと。悪かった点は、つかんだのが鼻面ではなかったこと。私はまさに、コヨーテの尻尾をつかんでいた。さらに悪いことに、彼は私が前に説明したコヨーテの行動とは違い、体を反転させて逃げ出さなかった。脚を縛られていても動けないわけではない。彼は跳ね、飛び上がり、突進した。そして、あろうことか私の腿に牙を突き立てた。

尻尾は放さなかったが、腕をいっぱいに伸ばして相手を遠ざけたので、もう一度脚を噛まれることはなかった。もっとも、脚のほうがましだったかもしれない。彼の牙が届くぎりぎりのところに、私の下腹部があった。私たちのからみあいは突然ダンスに変わった。私は尻尾の付け根を握り、牙が私の下腹部に届かないところまで、彼の体をもち上げた。それでも、全体重が背骨にかかって彼を傷つけるといけないので、もち上げる高さを調節した。ふたりでくるくるとまわりながら、私はブーツをはいた足を一歩踏み出して彼の鼻口部を押さえつけようとしたが、完全には押さえ込めなかった。なぜなら、彼にブーツの厚いゴム底に牙を食い込ませる機会を与えてしまったからだ。

彼が血の通わない靴底を噛み砕いているあいだに、私はなんとかもう片方の足を前に出し、相手の首を踏みつけることができた。身をよじって、彼の両耳のあいだ、額へとそっと手を伸ばし、鼻口部を包み込む。ようやく口を捕らえると、私はいつもポケットに入れている絶縁テープを出して、彼の口をぐるぐる巻きにした。

残りの作業はスムーズに運び、私は彼に首輪を取り付け、いくつか計測をしてメモをとった。そのあと鼻口部から手を放すと同時に、彼の体を遠くへ押しやって解放した。彼はおぼつかない足どりで駆け出したが、途中で足を止めてくるりと振り返ると、やぶにおしっこをした。それから、跳ねるような足取りでおもむろに駆け去った。無事に任務を終えた私はズボンを脱いで獣医用道具セットからガーゼを取り出して足の傷の治療をした。絶縁テープを使って傷を圧迫する。数時間後、びっこをひきながら病院に行き、医師に向かって、これから受ける狂犬病の曝露後ワクチン接種よりも一頭の生きているコヨーテのほうがなぜ大切なのかを力説した。医師には話を理解してもらえなかった。

あのときのコヨーテと私の心の交流は見まがいようのない、唯一無二のもので、継続した時間では測れない意義をもっていた。人間と動物の関係には、必ずしも友情は必要ない。協力関係の場合もあるし、捕食者と被食者の関係であることもある。それでも、私たちと彼らのあいだに強い絆が結ばれることも決して少なくない。あのコヨーテは私と同じく個性をもつ存在であり、彼との短いふれあいは私の人生を決定づける瞬間になった。彼を特別視する私は科学者失格なのだろうか。

　人間だけが卓越した存在と考える私の偏見はしぼんでいったが、それがなくなると同時に新しい考えが生まれた。この新たな世界観を発展させたのは、私ひとりではなかった。自分が正気であり、正しく推測していることを確認するために、私はミネソタ州イーリーにある国際オオカミ・センターのオオカミ管理人のロリ・シュミットと連絡をとった。人が自分のペットのことを知っているのと同じくらい、個々のオオカミのことを知っている女性だ[32]。長年の努力の末、彼女は一般の人がコマーシャルや自然・動物番組でしか見られない動物体験を山ほど重ねてきた。「私はぴったりのタイミングでぴったりの場所にいた」と、彼女は言う。農場育ちという出自のおかげで、管理責任を優先する価値観と、自然との濃密な関係をつくり上げてきた。学生の頃、ミネソタ州天然資源局のインターンシップに参加してヘラジカと捕獲されたシカの調査を体験したことで、のちにイーリーのセンターで働くようになる。そこでオオカミの写真で有名な写真家ジム・ブランデンバーグや研究者のデイヴィッド・ミッチと知りあった。たまたま住んだのがオオカミの生息地だったので、彼女は一九八六年からオオカミを相手にする仕事を始めた。農場での暮らしから現実的な世界観をもつようになったシュミットの視点で見れば、オオカミは手際のよい捕食者だった。そこから彼女は、行動の機能的側面と、それが生存に果たす役割に関心を抱いた。

彼女は、亜種と考えられるほかの動物も含めて、ありとあらゆるオオカミを相手に仕事をした。それでも彼女は、亜種という概念はいまや妥当とは言えないと主張した。オオカミをオオカミたらしめているものの大半は、自分たちが暮らす環境を移動する際の個々のオオカミの行動と深く関係しているからだ。私は、いま自分の内で起きている動物の個性とその重要性の評価の変化をもっとよく理解するために、彼女に質問してみた。彼女の説明によれば、行動の違いのほとんどは種の違いによって生まれるのではなく、むしろ「群れのなかの特定の個体同士が互いにどうやって関係をかたちづくるか」、それに群れがその土地の環境とどう作用しあうかによって生じるという。

彼女はなぜそういう結論に至ったのか？　彼女が仕事を始めてから密接に付きあったオオカミは全部合わせても意外なほど少ない。「せいぜい二五頭ぐらいね」と、シュミットは言う。「でも、全部名前を言えるわよ」。オオカミ・センターはイヌのブリーディング場とは違う、と彼女は指摘する。センターでは繁殖は行わないのだが、毎年二頭ほど、別の場所からオオカミの赤ちゃんを引き取る。だいたいが野生ではなく、ほかの捕獲施設から届けられる。動物の世話をする責任は、普通ならうらやまれる仕事であるはずのオオカミとの密接な交流というシュミットの夢を押しつぶすほど重い。「届けられる赤ちゃんとの付きあい方のマニュアルはどこにもない。一頭一頭が全然違っていて……」だから、彼らとの付きあい方は自分で見つけるしかなかった。

オオカミのなかには、人間と群れの仲間の二股をかける社交家もいる。彼らの付きあいは広くて浅い。それ以外のオオカミはだいたいが人見知りで、親密な関係を結ぶ相手を特に念を入れて選ぶ。

シュミットとオオカミたちの太い絆は動かせぬ事実だが、あくまで稀なケースだ。彼女は自分の人生に大きな影響をおよぼした三頭の名前を挙げることができた。ホッキョクオオカミのシャドー、グレートプレーンズオオカミのバラザー、センターでの現在のオスのリーダー、エイダン。シュミットとオオカミに強いつながりが生じるのは、全時間の一〇パーセントにすぎない。彼女はその関係を説明しようとするが、言葉でうまく表現することができない。彼女に言わせれば、ヒトと動物の関係は容易には描写したり、数値化したりできないもので、自分とオオカミの関係は信頼の醸成と表現したほうが正確だという。

心の底にある思いをちらりと見せたあと、根っからのプロフェッショナルであるシュミットは自分の使命の話に戻って、「オオカミを愛するかどうかではなく、あくまで科学と教育の問題なの」と言った。シュミットがオオカミとの仕事を愛し、楽しんでいるのは間違いないが、その仕事については感傷的になったり、現実を忘れたり、独りよがりになったりすることはない。客観的なレンズを通して個性を定義したり評価したりするのは、オデュッセウスが怪物のスキュラとカリュブディスのあいだを航海するようなものだ。あまりに客観的になると視野をさえぎられてしまうし、想像力を働かせすぎれば偏見を招き入れる。

「そう、仕事は事実を提示することよ」と、生物学全体と国際オオカミセンターの使命を考慮して、彼女はそう言う。「環境収容力［ある環境に継続して生存できる生物の最大量］や病気、それに繁殖を許されないときの死に方などの問題がある。私たちにできるのは、より広い脈絡のなかでオオカミについて人々に教えることだけ」。彼女は科学性を強調したが、道徳性や思考法について語るのは明らかに避けていた。「人間は自分の価値観を私たちが提供する知識にあてはめなければならない」。自然にはルールがあり、何かが勝てば、何かが負ける。それに自然には制限がある。イエローストーン公園でさえオオカミの環境収容力があり、それは病気や不運、流血の闘いなどを通じて調節される。シュミットの思想は私を驚愕させた。確かにオオカミは堂々として美しいが、話はそれだけではすまないのだ。個体の差異についてのシュミットのヒントには目を開かされることが多々あったが、答えまでは教えてくれなかった。教育活動に対して賞を与えられたとき、最高の教師は「どこを探すべきかを教えてくれるが、何を見るべきかは教えてくれない」と彼女は書いている。

オオカミについて人々がどんなことを考えているかを学ぼうとしてリチャード・ティール、アリソン・ティール、マリアンヌ・ストロゼフスキー編の『私たちが知っている野生オオカミ *Wild Wolves We Have Known*』を読んだとき、私は強い味方が少なからずいることを知った。[33] オオカミを研究する世界中の動物学者の回想を集めた本だ。回想は感動的で、個々のオオカミの性格だけでなく、研究者の個性を反映していた。どれも驚異と冒険に満ちた話だったが、それはまた、私と同じ感じ方をしている科学者がほかにも大勢いることをはっきり教えてくれた。みんなが個体を大事に育て、特定のオオカミと独自の絆を築いていていた。

きわめてすぐれたオオカミ研究者のデイヴィッド・ミッチは、カナダ最北部にあるエルズミア島にいた大胆な若いオオカミをブルータスと名づけ、それが自分の手袋のにおいを嗅ぐようすを見ただけで、並みのオオカミではないことを見抜いた。[34] エイドリアン・ワイディヴェンの威厳あるウルフ475は、ウィスコンシン州の町シャナゴールデン付近に生息する群れとともに歩きまわっている。リック・マッキンタイアは名高いイエローストーン国立公園のメス《フィメール》06が置かれた状況を語っている。このオオカミは、追跡を始めたときは一匹狼だったが、のちに群れのリーダーとなり、母親にもなった。偉大なヘラジカ・ハンターとして名を知られ、独力で大きなヘラジカを何頭も殺している。悲劇的な最期をとげたのは二〇一二年一二月六日、公園の境界を踏み越え、合法的な狩猟によって射殺された。目に見えない線をまたいだとたん、保護動物が狩猟記念品に変わってしまったわけだ。彼女の死は国際的な怒りの声を呼び起こした。それは彼女が誰であるかを多くの人々が知っていたからだ。独立した個体としての彼女固有の物語を。

たぶん私の一番のお気に入りは、マギー・ドワイアーの「オオカミの尻尾(A Tail of a Wolf)」だろう。そのなかでは、捕獲時も野生のときも細かく観察されてきたメキシコオオカミのオス732が、記憶に残る逸話を提供している。最初に、このオオカミにはボブという名前が与えられる。ボブは語られるべき物語をもつ個体で、彼の物語には絶滅危惧種の宿命とも言うべきつらい生活が、のちに彼に付けられたあだ名の由来となる短くて太い尻尾のせいでさらにつらさを増す経緯が描かれる。ニューメキシコ州ソコロ近郊のセビレータ・オオカミ管理施設で生まれたボブは、まだ幼い頃、家族と一緒に野に放たれた。その後、事態は坂を転がり落ちるように悪化する。ボブの父親は高速道路でトラックに轢かれて死ぬ。母親は足を怪我して、再捕獲が必要になる。兄弟は野生のメスとともに姿をくらませる。当時は仕事《ジョブ》といういぴったりの名で呼ばれていたボブは頑張りとおし、オオカミ回復域の外側、それもゴミ捨て場に野営地をつくった。このために、彼は「回復努力に協力する可能性が低い」という劣等区分に割り当てられる。ボブは再捕獲され、一〇週間足らず自由を味わったあと、セビレータの施設に連れ戻された。

施設に戻ると、ボブはのちに連れあいになるメス797に引きあわされる。ボブはメスの住む囲いに駆け込んで、彼女の子供たちのところに走り寄った。そのとたん、メスはたちまちボブをはね飛ばした。さらに二度、三度と、それが繰り返される。ボブは腹這いになってなんとか近づくと、彼女の前で体を反転させて仰向けに寝転がった。二頭のオオカミははっきり違う個性をもっていた。メスのほうは尊大で攻撃的、ボブは従順で内気。メスは世話をするために捕獲され、その後解放されたとき、動物学者に抵抗した。ボブは彼女の子供の一頭になったかのように、命令にはおとなしく従った。このことは、あとで理解できるようになることのヒントを与えてくれた。動物のなかには攻撃的で大胆なものもいるし、臆病で意気地のないものもいる。だがどんな場合であれ、どちらの戦略も動物の成長・繁殖のための最適条件ではなかった。

二度目のチャンスを与えられて自然に解き放たれたボブと恐れを知らぬ連れあいは、家畜を殺し始めた。この行動によって、駆除命令として知られる制度が発動し、ボブの予測余命が大幅に短縮されることになる。発信器付き首輪を付けたボブは容易に位置を捕捉され、飛行機で追跡された。追っ手は空中からボブを射殺し、死体を放置した。ところがまもなく、動物学者たちは発信器付き首輪がまだ動いているのに気づいた。ボブは生きている。彼らはもう一度飛行機を飛ばした。今度はその死を確認した。誰もが驚いたことに、それでもなお首輪は亡者のように執拗に、ボブとともにその地域を動きまわった。またしても飛行機が飛び、ボブは撃たれた。後日、動物学者が歩いて現場へ行き、ボブが死んだ証拠を発見した。血にまみれて銃弾の穴が開いた発信器付き首輪の一部を。

その後も、動物学者は子育てをしているボブの連れあいの観察を継続した。食べ物を補充してやり、近くに自動撮影カメラを何台か据えて、彼女と子供たちを観察した。何枚かの写真に、どことなく不自然な彼女の姿が写っていた。母オオカミにはとても見えなかった。写っていたのは、首輪はなく、尻尾が短くて太いオスのオオカミだった。ボブは生きていた。彼は決して勇敢ではなかったが、粘り強かった。それはのちに私も気づいて研究することになるタイプの個性だった。ボブは同類のなかでも異色で、稀有な存在とさえ言えた。

『私たちが知っている野生オオカミ』を読んで初めて気づいたのは、先入観の危険性、個体をいつまでも行動観察箱のなかに押し込めておく危険性だった。ファン・カルロス・ブランコとヨランダ・コルテスはヨーロッパオオカミのなかで、大きな悪いオオカミとは似ても似つかぬエルネストという名の一頭の話を語っている。エルネストは人間社会との境界をうろつき、家畜を殺すのではなく、その死骸を平らげていた。彼が棲んでいたのは樹木の少ない農業地帯だった。オオカミに与えられた「堂々とした」というイメージは、卑しい清掃動物である彼らの一部には荷が重すぎる場合がある。ブランコとコルテスが引用しているゴードン・ヘイバー（情熱的なアラスカのオオカミ研究者で、二〇〇九年に飛行機の墜落事故で悲劇的な死を遂げた）は、スペインのオオカミに関して確固たる信念をもっており、こう問うている。「ゴミを漁って食べ、ほとんど一頭で行動するヒマワリ畑のイヌ類を、本当にオオカミとみなしていいのだろうか？　もしかしたら、長い年月をかけてほんの少しずつ〝非オオカミ化〟された生き物なのではないか？」[35]。ヘイバーにすれば、自分の考える典型に当てはまらないオオカミは、オオカミではないのだ。こうした偏見もまた危険だ。オオカミはそれぞれ違う個性をもっているのを認めれば、一般の人々も科学者もその多様性を全面的に受け入れなければならなくなる――たとえ結果がどうあろうと。オオカミの一部は大胆でたくましく、残酷な犬殺しだが、一部は小心で無気力なゴミ漁りなのだ。オオカミのイメージを愛することと、彼らの本当の姿を理解することは別問題なのだ。人は独立した存在としての彼らを受け入れなければならない。

オオカミの独自性に気づいた科学者が私ひとりではないのを学んだことは、頭に植えつけられた定説を振り払う努力の助けになった。それでもまだ障害は残っていた。目に見えない偏見だ。C・ロイド・モーガンの麻薬から立ち直って以来、不合理な先入観はもたなくなったが、知覚的偏見は残っていた。ヒトが世界を読み取る知覚地図は動物のものとは違うという単純な事実だ。ここでも、自分の限界を知ったのは科学論文からではなく、飼い犬との関係からだった。

ある朝、グレッチェンとともに朝露を踏んで歩き出した。私の足跡は灰色がかった露の上に、写真のネガのように緑色の痕跡を残した。まもなく、グレッチェンが命じられたとおり臭跡をたどるようにする訓練を始めた。私はじっとしていろと言い残してその場を離れ、自分の足跡に小さな食べ物を置いていった。「探せ」と命じて、まずは投げた円盤をもち帰ったときのごほうびを使って、短い経路を歩くようにさせた。グレッチェンは鼻を地面すれすれにつけてにおいを嗅いだ。私の足跡を嗅いで、ひとつ目のごちそうを発見した。さらに前進して、次の足跡に鼻を向けた。「いい子だ」

と私は彼女を励ました。足跡をひとつひとつたどり、不規則に置いてある次のごちそうを見つける。彼女がこのゲームのやり方を理解すると、経路を長くして、ごちそうの代わりにただのおもちゃをごほうびにした。そうこうするうちに、グレッチェンは風のにおいを嗅ぐことを覚え、何百メートルも離れた人を見つけ出せるようになった。これこそ、ヒトと動物の知覚を隔てる壁の存在を示す明らかな証拠だった。

自分がイヌの知覚能力をもっていたらどうだろうと想像してみた。何百万という嗅覚受容体がにおいの風景画を描き出すところを。のちに私はキャサリン・ペインの著作を読んで、ゾウが可聴下音波、つまり人間には聞こえない超低周波を使って、はるか遠くの仲間と連絡を取りあうことを知った。こうしたゾウの行動の基本的な側面に、科学者は一九八〇年代まで気づかなかった。[36] それでも私の観察などはるかに超えて研究が進み、動物の能力に比べてヒトの感覚がどれほどお粗末であるかが明らかになった。われわれ人間は、動物は馬鹿で、われわれにできることができないと考えているようだが、ほとんどの動物がもっているスキル一式がどんなものかを知らないでいる。物理学者のたとえをもう一度借りると、私たちには見えない暗黒物質は徐々にほかの動物種の行動の軌道に変わろうとしている。人間には動物の知覚の構造を体験することはできないが、彼らの行動の動機を理解するためには、彼らの現実が私たちのそれとは違うことを認識する必要がある。

私たちが周囲の世界を知るための第一の手段は視覚である。だがイヌの知覚する世界はそれとはまるで違っている。[37] あなたはイヌと一緒に歩きながら、ときおりスマートフォンを取り出して、Eメールやフェイスブックをチェックすることがあるかもしれない。ところがイヌはピー《おしっこ》メールやノーズ（嗅覚）ブックをチェックしながら、あちらへこちらへと飛びまわる。[38] イヌをはじめ多くの動物が利用する嗅覚情報の掲示板は私たちの目には絶対に見えない。イヌの知覚世界では、点々とある黄色い雪の断片が情報のプラカードになる。そこから種、性別、年齢、それに最後にいつ訪れたかも含めた侵入者の素性が読み取れる。人間は、イヌなら自然に近所全体にばらまける情報を共有するために、文字化しなければならない。イヌたちはくんくんと鼻をならすだけですべてを手に入れる。もともと人間の二〇倍の嗅覚受容体をもち、知覚能力においてもけた外れの差があるだけでなく、彼らは人間がその恩恵に浴しない第二の鼻というべき実用的な鼻鋤骨《じょこつ》器官ももっている。向かいあわせになる親指など、はるかに見劣りする。

では、人間はイヌのようににおいを嗅ぎ、ヘビのように見て、クモのように振動を感じるだろうか。いや、私たちの知覚は私たち独自の知覚世界でしか働かない。自分たちの感覚入力をもとに、ほかの動物種の行動を解釈する際は十分に注意しなければならない。私たちの色の知覚はイヌのそれよりすぐれているが、ワシと比べれば貧弱である。研究者が陰影を見分けるテストをつくれば、人間がうまくできるところをイヌは間違え、ワシはもっとうまくできるだろうが、もし嗅覚のテストであればイヌが最高点を得て、人間と猛禽類は落第するはずだ。人間は、イヌや爬虫類が棲んでいる嗅覚の世界では目隠しされているに等しい。

ローラ・マクシェインと共著者がどうやって感知できないラッコの叫びや哀訴《あいそ》、さえずり、金切り声、悲鳴、泣き声を聞き分けたかを私は本で知った。[39] 超音波測定と偏見のない心で人間の聴力の限界を克服し、科学者たちは声で個々のラッコを識別することができた。もし人間がその粗末な道具でラッコを識別できるなら、当然のことながらラッコたちは特別に調整された耳でお互いを言い当てられるはずだ。ずいぶん長いこと、私たちはゾウが人間に聞こえる範囲以下の音波を使って意思疎通しているのを知らなかった。[40] 池の表面をすべるアメンボや打撃が来るのをはるか前から知っているハエの（完璧ではないとしても）熟練した飛び方など、ごくちっぽけな生き物でさえ驚くほどの触覚力をもっている。ほかにも、私たちには見えない身ぶりや合図があるのではないか。私たちはどんな能力を見逃しているのだろう？

たとえば、ミラーテストと呼ばれる鏡像自己認知テストがある。これは動物に自己意識があるかどうかを調べる際に研究者が用いる手法である。ミラーテストが成功する動物種はさほど多くはないが、ゾウの額に塗料を塗って鏡でそれを見られるようにすると、ゾウは鏡像を見て鼻で額に触れようとする。それが鏡に映った自分の姿であるのを認識しているのだ。だが、イヌにこの方法を用いるのは難しい。おそらくイヌがもっていない視覚に対する人間の強い偏見のせいだろう。イヌが自分を認識するのはどう見えるかではなく、どんなにおいがするかにもとづいているのかもしれない。もし人間に、その人のにおいを付けた嗅覚ミラーテストを行っても失敗するだろう。研究者が嗅覚ミラーテストをイヌにさせる手段を見つければ、イヌが個体としての自分を正確に識別しても少しも不思議はない。動物の知覚を発見すればするほど、私は自分の無知を思い知らされる。

科学者として私が決めたのは、科学界が完全に精通していないからといって、概念や仮説を無視しないことだった。そうすることで、さまざまな違うレンズを通して見たり、束縛しようとする定説と決別したり、「ドリトル先生」のようにいくらかでも動物の言葉を学ぼうとしたりする際の正しい心構えができる。実際、モーガンの過剰な制度尊重主義への反発として、ケンブリッジ大学教授のパトリック・ベイトソンは一九八〇年代初頭にこう書いている。「そうした原理への奴隷的服従は……想像力を不毛にしかねない。動物を時計仕掛けの装置と見なすと、一番興味深い属性の一部を見落としてしまうのはほぼ確実だ[41]」

　過去の科学の時代精神の限界と、人間と動物の類似を受け入れることに対する抵抗感のために、動物の個性の研究が専門分野として確立しなかったのは残念だが、意外とは言えない。科学者たちはモーガンの影のなかで神経過敏で臆病になり、私たちは個性《パーソナリティ》の代わりに、「行動シンドローム」といった気の抜けた表現を使い続けた。言葉の力を弱め、発見したものを伝える能力の一部を失った。もし私たちがダーウィンの思想を復活させず、自然選択という観点から個体の情動と個性を優先させなければ、人間はこの地球を共有する生物種をより深く理解する機会をまたしても失うことになる。もっとも、幸いなことに、いまや科学者たちはこの肥沃な新分野で力強く前進を始めている。

第2章　個性の謎

まばゆいばかりの日没の陽光が、息をのむほど美しい海辺の全景の上に広がる空を燃え上がらせ、ビール・グラスを覆う水滴をきらきらと輝かせる。宵の一杯の心地よさに浸りながら、サンディエゴのビアレストラン、アンプリファイド・エール・ワークスのテラスに腰を据えて、寄せくる波を眺めた。私の愛する者たちは、はるか遠くのユタ州で雪かきをしている。彼らがそばにいない寂しさのせいで、南カリフォルニアの贅沢な陽気のなかでひとり悦に入る気分にはなれなかった。私はいまこの瞬間を、飲み物と風景を満喫してはいたものの、いつもの自分とは違うような気がする。私は大いに甘やかされてはいるのだが、どこか満足できない。エキゾチックな環境にいても、ビジネスで来ているという感じを振り払えず、退屈な仕事に思える。

私は社交的な人間で、人のそばにいるのが好きなのだろうか？　だが、私はひとりですわっている。内気な性格で、このパブにいる人に話しかけようとは思わない。私は非社交的で、孤独を好む人間なのか？　それでも、人を恋しがっているのは間違いない。私は冒険好きで、勇敢な人間だろうか？

なにしろ、急いでピングイノのボウルに餌を満たすと、政策立案者の集まりで生物学と政治の接点に関する背景説明をするために、国の半分を飛び越えて駆けつけたのだから。相手は同僚や仕事上の知人ではあるが、友人ではない。彼らとくつろいで付きあいたいとは思わないが、かといって喧嘩をする気もない。そこで私はビールとフライと夕陽を選ぶことにしたのだ。

そのとき、背後のテーブルから女性がこう言うのが聞こえ、甘い内省の時間は断ち切られた。「私のネコを見て！　とってもクールでしょ？」。最初のセンテンスは要求で、あとのは質問のかたちをとった結論だ。女性はテーブルの上に携帯電話を突き出し、家の絨毯にねそべっているネコの写真を見せていた。

私は気おくれを振り払い、口をはさんだ。「いや、そうは思いませんね」。私もピングイノの写真をスマートフォンの壁紙にしている。お気楽な雑種ネコが、わが家のカウチの背にかけてあるバッファロー毛皮の上掛けに首を深く埋めて、しあわせそうに休んでいる写真だ。挑発的な高級娼婦のどんよりした目のように、まぶたが重たげに垂れており、左脚を伸ばして毛皮の奥を探っている。自己不信とも後悔ともまったく縁のない生き物だ。私はその写真の画面を出し、女性のテーブルに置いて披露した。

「じゃ〜ん」私は自信たっぷりに言った。「あなたのネコにはこんな個性はありませんよ。こいつにはそれがある」。テーブルの人々が笑い声を上げ、女性はにやりとした。私には自分が勝ち誇っているのがわかっていた。そう、いかにも得意げなのが。だが、自分のペットのことになれば、みんなそうなるのでは？

そのとき、はたと思いついた。私は一匹のネコと固い絆で結ばれているが、それは左右不揃いのひげのせいでも、人をぎょっとさせる喉鳴らしのせいでもない。私がありもしないつながりがあると空想するイカれた人間だからでもない。ピングィノはネコであり、独立独歩の生き物だが、前日の朝のことを思い出すだけでも、私たちが絆で結ばれている証拠を確認できる。私がベッドで伸びをしていると、ピングィノが横に飛び乗ってきて、体をすり寄せてゴロゴロと喉を鳴らした。鼻を私の鼻のそばに近づけ、できるだけ穏やかに(すなわち、ひどくやかましく)ミャーオと鳴いた。まだ頭がぼんやりしていても、ネコがありとあらゆる合図を送っているのがわかる。愛していると伝えようとしているのは明らかだ。彼は引き続き、ミャーオ、ゴロゴロと鳴きながら、あたりを飛びまわった。そのようすは愛らしかったが、少し頭がすっきりしてくると、彼からの愛情表現という夢見心地でした最初の想像だけが彼の唯一の動機ではないことに気づいた。私はベッドを出て、廊下へ出た。あとに続いたピングィノがすぐに追い越していった。

私は空のボウルに餌を満たした。朝のコーヒーの香りを嗅ぎながら、ピングィノは私ではなく、食べ物を愛しているのだと思った。動物の意図を深読みする危険を思いやった。用心深い内なる科学者が感情的になるなと戒めてくる。次の瞬間、口に含んだフレンチローストの熱さと苦味に頭を叩かれたような気がした。その朝、彼が気持ちを伝えようとすれば、ほかにいくつもやり方があったはずだ。私を避け、家のどこかで体を丸めていることもできたのに、彼はそうしなかった。食べ物に向かって走ったからといって、それが彼と私の絆を全否定するわけではない。確かに私は餌の提供者だが、彼の行動は、私を信頼していることの証《あかし》だった。

私の頭はそれほどイカれていないから、ピングイノと自分の結びつきがほかの人間やイヌやネコとの関係とまったく異なるものとは考えていない。ゾウやオオカミやクジラといったカリスマ的な大型動物ではなくても、どんな動物も個性をもっている。どんなイヌもネコもウマもカニもアメンボもサンショウウオもクモもそれぞれに個性がある。幸い私たちのもつ識別力の根本には、互いに敵か味方かを弁別する能力が付与されている。私たちには共感する力がある。学び、信頼し、まったく違う個性が補完しあう力から生じる絆を結んでいる。相手が人間であろうと、そうでなかろうと。

ソルトレイクでもサンディエゴでも陽はそれぞれに沈み、私はビールを飲み終えた。それでも、ピングイノと私は絆で結ばれている。この関係が皮肉なのは、私がもともとネコ派の人間ではないことだが、私はいつのまにかネコ派の役割を演じるようになっていた。自分がそうなるのを許せるのは、ピングイノが特別だからだ。それに、私と彼とはひとつのチームをつくってきた。彼は私を信頼している。私も彼を信頼している。それが事実であるのはわかっているのに、いまでも私たちの関係を表現するのには苦労する。どんな言葉を使っても正しくは言い表せない。いったい、彼と私は誰なのだろう？

個性とは何なのだろうか？　グーグルで検索すると、「ある人物に特有の性格を形づくる特性」と出てくるが、それではなんの役にも立たない。科学者は個性をどう測定するのだろう？　その本質を明確にするのがひどく難しいのは、簡単に定量化できないし、メスで突つけるような物理的なものではないからだ。個性は、識別できるものと言葉で表現できないものが魔法のように融合したとらえどころのないものだ。確固としていながら、影響されやすい。実証可能で首尾一貫したものであるはずなのに、皮肉にも自動化された固定的なプログラムにはなりえない。私たちは、同じ状況に置かれた個々の個体の違いを見て直感的に納得するが、身長や体重のようには簡単に計測できない。個性の定義は、ポッター・スチュワート判事の「見ればそれとわかる」というポルノグラフィーの定義とよく似ている。

実際、科学者がその研究に興味を示し始めて以来、個性の定量化は悩ましい問題だった。たとえば一九六六年にスティーヴン・スオミ、メリンダ・ノヴァク、アーノルド・ウェルがアカゲザルの個性についての論文を発表しているが、そこでは「個性」という言葉は本文には使われているものの、タイトルは『アカゲザルの加齢――行動の継続性と変化に関するさまざまな観察機会』という謎めいたものだった。[1] ここで示された分析や結果は、混合モデルの分散分析と直交多項式対比をよく理解していない限り、一般の人々には容易に理解し難いものである。生物学者といえ例外ではない。研究が専門用語や統計学用語の使用を前提としている場合、広く読者を得ることはできないし、その分野に勢いが出ることはない。そこで私は、分析ではなく、結論の解釈に焦点を絞ることにする。

論文の著者たちが研究を始めたのは、ヴァイキング探査機が火星に着陸し、アップル・コンピューターズなる小企業が創業し、アメリカ合衆国が二ドル札という珍妙な通貨を流通させた年だった。この一九七六年には、動物福祉法の二度目の改正が行われ、動物を州をまたいで移送して戦わせる興行が禁じられた。またマサチューセッツ大学霊長類研究所の八匹のサルが、スオミ、ノヴァク、ウェルのおかげでわずかながら注目を浴びることになった。このサルたちは実験材料としてつつきまわされたりすることなく、研究者たちの大変な頑張りによって、生理機能ではなく、行動にもとづいて系統的に分類された。個性研究の初期形態であるこの仕事はサルたちが六歳のときから、二〇歳になった一九九〇年まで続けられた。

一見したところ、データは時とともに動物が変化することを示しており、動物の個性を定義しようとするときには、そのことが混乱や疑念を少なからず生じさせる。もし状況の変化とともに、すべての動物が等しく行動を変えるのであれば、刺激＝反応を基本とする行動主義者が正しかったことになる。個性の定義は、時間が経過しても不変のままの要素をもつ個体の独自性を基盤にしなければならない。科学者のなかには、個性の存在を証明する唯一の方法は、それを生み出す遺伝的要素を見つけることだと主張する者さえいる。この主張についてはあとで本格的に検証するつもりだが、そこまで待たなくてもマサチューセッツ大学の研究者たちと同じ結論に達するかどうかは見きわめられる。

研究者たちは人間の傾向別データを丹念に見ていき、個人間の違いを見つけようとした。調査の対象となった三人の男性はみな人との交流には消極的で、たいていの場合、非社交的だった。女性のほうがずっと外向的で、そのうちふたりは動物とのふれあいを最優先の活動にし、全部の女性が男性より社交的だった。女性は周囲の環境に積極的に関わろうとする傾向があり、手や口を使って物をもてあそぶことが多い。男性はひとりでいるときが多く、人と一緒のときは、部屋のなかで誰が支配的な立場になるか決めるなど、上下関係をはっきりさせる行動をとりがちだ。もし私が擬人化を自制する訓練を受けていなかったら、これを見て擬人化ならぬ動物形態化をしてみるところだ。データが示しているのは、まさに私の仕事場のミーティングの光景だ。

とはいえ、この研究で最も興味深い点は異性間の違いではない。研究者がきわめて斬新だったのは、個人の反応を単に一時的なものとせずに、きちんと評価した点だ。彼らは長年、動物を徹底的に調査し、個体の一貫性と独自性を受け入れることで、目に見えない個性の深淵に糸を垂らしたのである。年齢が影響を与えるのは動物も人間と同じだ。スオミと同僚たちによる革新的な発見は、サルの行動は加齢の影響を受けるが、時間がたったからといって、すっかり変わってしまうわけではないことだった。喧嘩っ早い青二才は年をとれば多少まるくはなるが、晩年まで喧嘩っ早い青二才であることに変わりはない。個性は個体によって違い、首尾一貫しているが、それは時間とともに形づくられる。研究者たちはこう結論する。「個体の行動の特徴はすべての研究にわたって驚くほど一貫としており、どんなサルも成人後の全生涯を通じて特有の行動特性（個性）を保持する」[2]。この首尾一貫性を認めたことが、動物の個性を認めて研究する科学の第一歩となった。

ハリケーン・カトリーナが通り道に置いていった破壊の跡は、その程度においても規模においてもまるでディストピアで、風景を一変させ、人と動物の両方に深い不安感を残した。ミシシッピ州ガルフポートの海洋水族館はカトリーナが去ると、天蓋《てんがい》から大梁《おおばり》を剝ぎ取られ、骨組みだけになっていた。水族館の地上部分の基礎は荒れ地と化した。カトリーナの猛威は渦巻く風だけではなく、水が地面を侵食し、金属とコンクリートのプールをいくつもつくった。この破壊の影響を受けなかったものは何ひとつなかった。自然、なかでも気候は気まぐれで無情なものである。ある日はたっぷりごほうびをくれるのに、別の日には破壊によって罰する――こうした自然の怒りを説明するために、古代から多くの文明は強大で移り気な神をつくりだしてきた。惑星と宇宙は大きな不幸を人の暮らしに投げつけてくる。だが、恐怖のなかに希望のきざしと教訓があるとすれば、生命には回復力があるという点だ。命は順応する。

嵐が来る前に、水族館のスタッフは施設の動物の多くを避難させたが、全部移動させるのは無理だった。半数のイルカは安全な場所に移したが、彼らの普段いる場所は安全であるという想定のもと、敷地内のプールに八頭だけ残した。スタッフが施設の残骸に戻ると、八頭はいなくなっていた。カトリーナが荒れ狂う最中に水族館のプールの水があふれ、ハンドウイルカの小群はあふれ出た水によって、ねじ曲がった残骸のあいだを押し流された。イルカたちは奇跡的に、さほどの傷も負わずに生き延び、メキシコ湾に浮上した。

訓練士に発見されたとき、方向を見失い、腹をすかせたイルカはヒレで海面を叩いて喜んだという。人間に飼育されたイルカは、メキシコ湾沿岸で自分の身を守るすべを習得していなかった。彼らは自分たちが知っていることをやっただけだった。これまで絆を築いてきた人間が来るのを待ったのである。

イルカを救うために、スタッフはまずこの水生動物の力を回復させようと、ビタミンたっぷりの魚の餌を与えた。そのあと、イルカをもち上げて運ぶ際に使う防水シートに乗って泳ぐよう命じ、最初にホテルのプールへ、次に米海軍が提供した仮設プールへと移動させた。最終的に、イルカは全部、バハマ諸島のアトランティス・リゾートに集められた。

科学者たちには、一六頭のハンドウイルカと、カトリーナのもたらした悲劇に対する彼らの反応を調査する唯一無二の機会が与えられた。この一六頭（一二頭がメスで、四頭がオス。半分は野生下の繁殖、もう半分は飼育下の繁殖）は全部、以前に調査研究の対象とされており、学生と水族館の訓練士によって個性の検討評価が行われていた。訓練士はほぼ一年のあいだ数週間に一度の割合で、NEO－PIを使ったイルカの特性検査を行った。NEO－PIとは、人間の性格は「経験への開放性」「外向性」「誠実性」「協調性」「神経症傾向」の五つの因子の組みあわせで構成されるとするビッグファイブ理論にもとづく性格検査である。訓練士たちは個々にイルカの評価を行い、自分の印象を記したメモは見せあわないよう指示されていた。

ハリケーン襲来前の評価では、それぞれの評価者が出したイルカの特性五因子分類の結果は、統計的に見て驚くほど一致していた。イルカが特定の特性をもっているかどうかを七段階で評価した結果、評価者によって食い違いが出ても平均値の差はわずか一ポイントに留まった。特性の強弱の違いはごくわずかで、イルカがそうした特性をもっているという点では全員の意見が一致した。こうして定量的にもイルカ一頭一頭が違うことが明らかになったが、それはあくまで人間のために開発された個性の尺度を用いて説明されたものである。イルカHは（頭文字を使うのは、見てくれの客観性を要求するモーガンの公準に追従したからだが、私自身は動物にはそれぞれ実名があると思いたい）、親しく付きあいたいとは思わないイルカだ。この一七歳のメスのイルカは「経験への開放性」「誠実性」「外向性」「協調性」の評価は低いほうだが、「神経症傾向」は二番目に高い。こっちなら付きあいたいと思うのは九歳のメスのイルカGで、「経験への開放性」は低く、「誠実性」は高く、「外向性」はほとんどゼロ、きわめて「協調的」、「神経症傾向」は最低のランク。むろんこれは、Gと私はよく似ているなどと言って動物を擬人化していることにほかならないが、私は科学者がよくやっている動物の類別はしなかった。

この観察が行われたあとにカトリーナが来襲して、イルカの世界を破壊した。破壊はすさまじいものだったが、そのおかげで研究者には動物の個性の力を調べる貴重な機会が与えられた。個々の個体は、心に傷を残す出来事を経験し、それまでとはまったく違う新しい状況に置かれても、行動の特徴的なパターンを維持しているのだろうか？　カトリーナが去ったあと、イルカたちは何度も移動させられていた。狭いプールに押し込まれ、引き離され、再結集させられたのち、バハマ諸島の新しい環境に移された。

きわめて不幸な出来事の連続が準実験的条件を生み出し、南ミシシッピ大学の研究者たちは賢くもこのチャンスに目をつけ、活用した。特に、ローレン・ハイフィルとスタン・クチャージ二世はバハマ諸島のイルカの寄留先にいる評価者に、前と同じ主要五因子性格検査の手法で個々のイルカを調べさせた。またしても、個々の個体を評価したところ、特性の平均値の差が一ポイントに留まった。イルカの個性は、嵐の前もあともまったく変わらなかったのだろうか。

その答えはおおむね「イエス」であるが、全部が全部ではない。一六頭のうち一一頭はカトリーナ前とあとで個性の評価に大きな違いはなかった。ただし、何頭かはそううまくいかなかった。イルカGは、嵐の前は「誠実性」と「協調性」で最高ランク、「神経症傾向」は最低ランクだったのに、嵐のあとはそれが劇的に変化した。手のひらを返したように、「誠実性」と「協調性」が最低で、「神経症傾向」が最高ランクになった。彼女はトラウマに影響されたのだ。

イルカの観察から、ふたつの結論が考えられる。ひとつ目は、重いトラウマを抱えても個性は生き延びた、というものだ。これは時間の経過を超えて個体の本質を明らかにする本物の現象である。個体はどれも唯一無二のもので、その行動は時を経ても変わらぬパターンと性質を保持する。イルカであれ、人間であれ、ほかの動物であれ、生まれもった遺伝的な何かが個性のなかに固着しているのだ。もっとももうひとつ、あまりなぐさめにはならない結論が存在する。たとえ行動は最上の回路図と土台をもっていても、私たちの回路はショートすることがある。私たちはどこまでも従順なロボットになるようプログラムされているわけではない。ヒトもイルカも悲惨な出来事の影響を受けやすい。イルカGがカトリーナ後にあれほど変わってしまったのは、科学者が最近になって人間のなかに見出した現象――心的外傷後ストレス障害を体験したと考えるべきかもしれない。

もし動物の個性のいくつかの側面が変化するのであれば、柔軟な動態である個性をある程度細かく測定するにはどうすればいいのだろう。コヨーテは喧嘩っ早く攻撃的だと言うのは簡単だが、ひとつの個体に関して、あるいはほかとの比較において、喧嘩っ早く攻撃的とは実際にどういう意味をもつのかを判断するのは別問題である。専門用語や意味には注意が必要だ。「喧嘩っ早い」とか「攻撃的」という言葉は通常、「大胆さ」の度合いを表現するもので、言い換えれば、危険を顧みない傾向を意味する。とはいえ、それが使われる際の文脈も重要だ。厳密に言えば、大胆さは未知の状況で危険を冒すことを意味するが、ときには既知の危険に対する反応と解釈されることもある。大胆さを、新規な対象に対する反応を記録して評価することもできるし、たとえば捕食といった直接的な危険に対する反応で測ることもできる。キャンベラにあるオーストラリア国立大学フェナー環境・社会学部のアレシア・カーターは、動物の個性という生まれたばかりの研究分野で陥りがちな、専門用語の安易な使用の危険について書いている。とりわけ、広い範囲の行動や状況を説明する際に「大胆さ」といった単称名辞を使うのは危険だという。[3] へたをすれば、不適切な言葉のせいで、生物種の行動型や多様性を誤って描写してしまう（あるいは発見できない）可能性がある。私たち科学者は、不正確なラベルを貼ったために生じる問題に十分注意しなければならない。

科学者は哺乳類に個性があるのに気づくと同時に、人間の個性の定量化を試みてきた心理学者が長年苦闘してきた難題と、著書や教科課程に取り入れるために心理学者が考案した研究方法に取り組むことになった。[4] すでにモーガンの公準の呪縛からは自由になったとはいえ、普遍的な測定法についてはいまだに心理学者の意見が分かれていた。彼らはまた、個体の多様性そのものより、精神病や破壊的行動のほうに目を向ける傾向があった。心理学者には話しあうことができ、説得可能で、同じ生理機能さえもつ被験者がいたのに、それでもなお、他人の頭のなかで何が起きているのかを正確に突きとめることはできなかった。人間がそれぞれ違うのは明らかだが、その正常な違いを定量化するにはどうすればいいのだろうか？ 極端な例は簡単だった。大量殺人者は精神病質者であり、博愛家は聖人で、献身的兵士は英雄だ。その日その日の個人の違いを測定するのはもっと難しかったが、科学者も門外漢も等しく駆り立てられるようにそれを試みようとした。科学がポピュラー・サイエンスに拡張されると、インターネットや雑誌の性格診断テストが、自分がどの範疇に属するか判定するのを助けてくれた。ディズニーのキャラクターなら、あなたは誰だろう？　スーパーヒーローなら？　シェイクスピアの登場人物なら？（私もついやってしまうのだが、テストのひとつの答えは、『お気に召すまま』のロザリンドだった）

　科学が個性を評価し実証する方法で皮肉なのは、個人をグループ分けして分類する点である。世界を理解するためには、少なくともある程度まで単純化する必要があるからだ。人間の個性を評価するために、通常使われる道具がいくつかある。そうしたものについてはここで検討する価値がある。なぜなら、動物の個性を正確に叙述するための枠組みを提供してくれるからだ。たとえオオカミは調査質問に答えられないとしても。

　まずは、たぶん一番広く知られているはずのマイヤーズ・ブリッグス・タイプ指標（ＭＢＴＩ）がある。一連の質問に対する回答を頼りに行うもので、その回答を使ってスコアを付けた特性のマトリクスを作成する。もともとはユングが内向性と外向性という基本カテゴリーに人間を類型化したことから始まり、[5]それをイザベル・ブリッグス・マイヤーズとその母親キャサリン・ブリッグスが拡張して、外向性と内向性のほかに、感覚と直観、思考と判断、判断的態度と知覚的態度を含めた。この基本タイプを組みあわせて一六種類のラベルをつくる。[6]ひとりの人間の本性は四つのカテゴリー——たとえばＥＮＦＪ（外向、直観、感情、判断）のように単純化される。もっと具体的に言えば、外向性と内向性を分けずにつなげた連続体によって、人が対外的行動に向かうか、内的な思考に向かうかを測る。思考と判断の連続体は、感覚を活用して新しい情報の解釈をするか、観察結果を直観と比較して内的にそれを評価するかを測ることに使われる。思考と感情の連続体は、私たちの内にある「スタートレック」のバルカン人のような合理的思考をもとに意思決定するか、あるいは感情移入をもとに決定するかを評価するのに使う。最後に、判断的態度と知覚的態度の連続体は、人が外界と関わる際に、収集した情報をもとに結論を出すことを選ぶか、あるいはさらに情報を集め続けるかを検証する。

もうひとつの性格診断の形式がＮＥＯ－ＰＩで、こちらは五因子として知られる別のカテゴリーを組みあわせるもので、カトリーナに襲われたイルカの調査にも使われた。ひとつ目の因子が経験への開放性で、個体が創造的で、想像力に富み、斬新な方法で問題に取り組むとランクが高くなる。行動のレパートリーに乏しく、決まりきった行動にしがみついているものはランクが低い。ふたつ目の誠実性は、慎重と几帳面から気まぐれと予測不能まで幅がある。三つ目の外向性は、自己主張と自信から刺激に対する相対的な反応の鈍さまでの度合いでランク付けされる。四つ目の協調性でランクが高いのは、ほかの個体に対して友好的、穏やか、敵意がなく、親切な個体で、わがままで自己中心的なのはランクが低い。五番目の因子、神経症傾向は嫉妬深く、ほかの個体を嫌うものはランクが高く、寛容でおおらかなものは低くなる。

『ミネソタ多面人格目録（ＭＭＩＰ）』は一九四〇年代に最初に発行されて利用されたのち、一九八九年に改訂されてＭＭＩＰ－２として認知された。これは成人の精神病理を評価するために、最も広く利用されている計量心理学テストである。[7] このツールは、テストの裏をかこうとする被験者の試みを無効にし、四つの「虚言」尺度（嘘、自己防衛、自分をよく見せる、自分を悪く見せる）を使って、より肯定的な観点でとらえようと苦心してつくられている。同時に、抑鬱、不安、心的外傷後ストレス障害、精神病質といった精神衛生上の問題や、もっと一般的な性格特性である怒りや心気症、依存症の可能性などを評価する臨床尺度も用いられる。五六七項目の○×問題で判定されるこのテストは多方面で使われている。もっとも、訓練を受けた心理学者には向いているが、動物の個性の特定にじかに適用するのは難しい。

アイゼンク（モーズレイ）性格検査はほかのものと同様、精神病傾向（P）、外向性（E）、神経症的傾向（N）、社会的な望ましさ、ないしは虚偽（L）という尺度で分類を行う。精神病傾向は攻撃性と関連し、外向性はどの程度正常な思考をするか、社交的で話し好きかで判断される。神経症的傾向は基本的に情緒性のことであり、最後のL、すなわち虚偽尺度はテストの裏をかくことへの被験者の欲求を評価する試みである。

性格検査テストの強みは、まったく偏りがないとは言えないものの、客観的であろうとするところにある。私たちはこうしたテストを手がかりにして、個性の明らかな構成要素の分析ができる。もっとも弱点のひとつは、どれも自己申告が必要とされる点で、たとえ嘘発見器があったとしても、人は自分自身の客観的評価者にはなりえない。心理学者のなかには、もっと直接的に潜在的個性を覗き見するために、ロールシャッハ・テストのように意味のないインクのしみへの反応を分析して無意識の領域を探ろうとする者もいるが、これもまた個人の解釈・反応・伝達力に依存している。とはいえ、心理検査は枠組みを提供してくれるという意味で有用であり、このあとの章で科学者が五因子モデル（改訂されたNEO－PI）やマイヤーズ・ブリッグスのカテゴリーを、個体の特徴を明確にするために、とりわけ個性に関する理解の正確さを微調整するために、どう利用しているかを見ていこうと思う。

動物行動学の研究もまた、行動の多様性の傾向を探る助けとなるよう新たに付け加えられたカテゴリーに頼っている。オースティンにあるテキサス大学のサミュエル・ゴズリングと共著者たちは、二〇〇三年に個性に関する初期の画期的論文を上梓し、現在もこの分野を先導し続けている。五因子モデルの枠組みを利用したものだが、「誠実性」は動物の行動に対応するものがないと判断し、四つの要素――エネルギー（外向性に類似したもの）、愛情（協調性）、情動的反応（神経症的傾向）、知性（開放性／理解力）――を用い、別々の人間が別々のイヌの評価を何度か繰り返して信頼性の高い結果を提示した。[8]

さらに最近の動物行動に関わる文献では、先に挙げた構成要素を使って動物を別の連続体に分け、質問ではなく観察によって繰り返し測定できるようにしている。その際、カテゴリーと記載は種や科、門といった分類の枠を超越している。大胆－内気の連続体は普通、外部の危険との関連で示される。コヨーテのなかには未知の危険に対してきわめて慎重なものもいるが、その一方で好奇心旺盛なものもいる。攻撃性から受動性までの連続体は基本的に、闘士か愛情深いかの違いになる。たとえばルリツグミの一部は容赦なくほかの鳥を襲うが、侵入にきわめて寛容なものもいる。単独行動か群居性かはクモのいくつかの種ではっきり見てとれる。共有巣の利益を享受するために集団で暮らす個体もあれば、自分の都合で自立する個体もある。冒険家もいるし、家庭的なものもいることは、幼生期のサンショウウオの一部には、ほかの個体が巣の近くに隠れているのに対し、広い世界を探検するものもいることでわかる。こうしたものを全部、このあとのページで探っていくことにしよう。

私たち人間は、個体として世界のなかで自分の占める場所を位置づけるために、それぞれに物語や体験談をもっている。私は最近、自分がENTJ型（外向、直観、思考、判断）であると判定した。[9] もう少し正確に言えば、かろうじて外向的のカテゴリーに入るだろうし、感覚より圧倒的に直観を選ぶし、感じるよりは考え、知覚的態度より判断的態度を優先する人間である。したがって、私には多くの仲間がいる。有名なところでは、フランクリン・D・ルーズベルト、リチャード・M・ニクソン、ジム・キャリー、ラーム・エマニュエル、ハリソン・フォード、ニュート・ギングリッジ、ウーピー・ゴールドバーグ、ベニー・グッドマン、スティーヴ・ジョブズ、デイヴ・レターマン、スティーヴ・マーティン、ノーマン・シュワルツコフ将軍、パトリック・スチュワートなど、錚々たる顔ぶれだ。ヒトラーはINFJ型（内向、直観、感情、判断）であると報告できるのは心が安まる。[10]

そこがこの検査の限界で、使えば諸刃の剣になる。ヒトラーはINFJ型かもしれないが、だからといってINFJ型の人がみんな――それにほかの人も――大量殺人狂の素質をもつわけではない。どんな性格検査にも当てはまる皮肉な特徴は、個人をカテゴリーに区分けして説明するだけで、個人の最も大切な側面を説明すらしていない可能性があることだ。性格型は不完全なモデルである。

それはすなわち、私たちがほかの人々と共感し、相手を理解するための物語なのだ。まるで雪の結晶の研究のようなもので、これも三五種類だかに分類できるようだが、どのカテゴリーも個体を完全に定義しているわけでない[11]。

果たして私たちには、完璧な実験や定義が必要なのだろうか。いや、個体の特性を理解するためにすべての個体についてあらゆることを知る必要はないのだ。それでも検査やカテゴリーは世界を系統立て、理解するための助けにはなる。ＥＮＴＪ型は私という人間を細大漏らさず表したものではないが、私を理解するためのとば口になる枠組みを提供してくれる。個性のカテゴリーは分類自体を目的として使われるものではなく、もっと大きい物語を語るためのツールになる。

私にはパトリック・スチュワートのような存在感はないし、スティーヴ・マーティンほどおもしろくもなく、リチャード・ニクソンのような政治的偏執者でない。科学者として、いつも知的な刺激を求めてはいるが、それは私が特に頭がいいからではなく、動物と彼らの行動について学ぶのが楽しいからだ。そう、たぶん世間の見方とはずれているのだろうが、皮肉なことに科学者というものは不合理な理由で合理性を探し求めている。科学者だって楽しめる。個性だってもっている。イケてるのだ。

科学者は知的研究を追求するが、それはそうしたいという情熱があるからだ。ときには、研究に取り憑かれることもある。自分の発見を人に伝えるときは最善を尽くそうと思うので、私たちが客観性と呼ぶ共通の土台を採用することに同意する。動物とその研究に情熱を抱いてはいるものの、どこかの時点で研究や知見は客観性のフィルターを通さなければならない。ときに客観性は計量や計測ができる。それが比較的な容易な場合もある。体重とか身長、特定の動物が特定のことをする回数などだ。

もっとも一番大きな問題は、無味乾燥な客観性は分析と解釈がなければ十分ではない点だ。科学には、物語といった別のツールも必要である。科学者はできるだけ客観的であろうとするが、それでも物語を利用する。進化は目に見えないものだが、目に見えるこまごましたものからその筋書きは推測できる。動物の共通点とか、飼育の経験、DNAなどから。どんなに定量性を重んじる定量物理学者でも物語を利用する。理論物理学者エルヴィン・シュレーディンガーは、量子論からの推測を説明する最も有名な思考実験のなかで、生きてもいないし死んでもいないネコの物語を語っている。つまり、科学における物語は必ずしも悪いものではないのだ。

私の動物の行動研究への耽溺も物語に誘なわれたものである。大学二年のとき、指導教授がさまざまな種類のハエが進化させた交尾の儀式がいかに複雑で、ありそうもないものなのかを説明してくれた。たとえばオドリバエの一種 *Empis sartor* のオスは、メスを誘惑するのになぜ絹の玉を使うのだろうか？ この作業は大がかりなので、短期間で進化したものではないのは確実で、一匹の賢いオスが突然レディーのハエへのプレゼントとして、大きな繭をつくろうと決意したわけではない。

この物語が私を魅了するのは、ハエの関連種が行う求愛のアプローチが継続性をもってつながっていることである。基本的な求愛儀式において、*Empis trigramma* はバランスを保つ繊細な選択をする。メスはオスを連れ合いと見ると同時に、敵とも見なすからだ。[12] そこで *Empis trigramma* のオスはメスを見つけると、いきなり交尾を迫らずにあとをつけ、メスが何かを食べるまで待つ。メスの関心が食べ物に向いていればいるほど、オスが自分の遺伝子を移す試みをしても、命を失う確率が下がる。*Empis poplitea* のオスはこのシステムに少し改良を加える。メスが食べ物を見つけるのを待つのではなく、別のごちそう、たとえばほかのハエなどをメスにプレゼントするのだ。食べ物に気をとられ（そして腹を満たすことで）、メスはそのオスを殺さず、（オスがすばやく行動すれば）交尾を許す。もし餌が小さかったり、短時間で食べ終えられるものだったりすると、オスは精子を譲り渡すことができず、自分が食べられてしまう可能性が高くなる。メスの食事の時間を引き延ばすために、別の親近種、*Hilara quadrivittata* のオスは成功する確率を上げようと、メスにプレゼントする前に食べ物を繭にくるむ。メスは食べる前に繭を剝がす時間が必要になり、それによってオスの性的成功と生存の確率が増すことになる。*Hilara thoracica* のオスは、メスにさらに手をかけさせるために大きな繭を念入りにつくるが、なかに入れるごちそうは小さなものですませる。この先は想像がつくかもしれない。*Hilara maura* もおおむね繭の贈り物のなかに餌を入れるが、なまけ者は自分で餌を捕らえる手間を省く。メスが夢中になって花弁などの無用な中身を掘り出しているあいだに、手早く交尾をすませて飛び去っていく。たぶんこれは不精対勤勉の一例なのだろうが、物語はさらに先に続き、その最終形とも言えるのが *Hilara sartor* のオスで、彼らはただ儀礼的に絹の繭玉をメスに贈り、メスはそれをウェディングケーキのように受け取る。

科学といえども、時間を巻き戻して行動の進化の各段階を見ていくことはできないが、コンラート・ローレンツのような尊敬すべき動物行動研究の始祖の業績を論じ、その比較研究法を使って各生物種の関連性を追求し、筋道の通ったストーリー全体を推測することはできる。[13] 独自の生態的地位を占めて生きる生物種のそれぞれが、生き延びるための最善の筋書きを生み出しているのだ。

いま私の目の前にいる砂漠ガメ（サバクゴファーガメ）の名前はローズだ。熟慮してそうしているような動きをする半球体で、緑色の花に見える。鱗で覆われた短い脚を、肌理《きめ》の粗い花弁のように体の四方に伸ばしている。もっとも、彼女を美術品に仕立てあげているのは、ドーム型の背甲《はいこう》［甲羅《こうら》］でも、モナリザの笑みを浮かべた口の上にある端正な丸い瞳でもない。おそらく私たち人間が心の底からうらやましがるのは、彼女のような爬虫類型禅の境地と、ゆっくり動く知恵を決して手に入れられないからだろう。それが、砂漠ガメなのだ。ローズは苦もなく五〇年も生き続けているので、五センチ脚を伸ばすのがどういうことかを考える時間はたっぷりあったし、体は装甲してあるから餌食にされる心配もない。ときには草の葉を、歯の抜けた老女のくわえタバコのように上の空で顎から垂らしていることもあり、そんなときには年齢なりの無頓着さと関心の欠如が見てとれる。

「インターネットをあちこち眺めていて見つけたの」と言って、デニース・チュンははにかみながら微笑んだ。[14]「ローズに行き当たったのよ」

「絶滅のおそれがある」種は絶滅危惧種法の保護下にあり、砂漠ガメはあちこちのショッピングモールの水族館で見られるトカゲやヘビや魚類とは違い、ペットショップに並べられることはない。それどころか、砂漠ガメが飼育されることは稀で、さまざまな理由で野生に返せない場合に限られる。たとえばローズの場合は背甲に傷を負っており、菱形模様のひとつには骨と同じくらい硬い合成物の継ぎが当たっている。カメを飼うためには、まず州当局に飼育許可を申請する必要がある。次に地面を掘って、隠れ場所を備え、逃げられない措置を施した一四平方メートルの水たまりをつくらなければならない。現地を訪れて居住施設を視察する砂漠ガメ里親委員会に妥当な飼育者と認められると、申請者はこのあまり手のかからない動物（年に五か月は冬眠している）の世話をする候補者の列に並ぶことができる。

一三歳になるまで香港で育ったチュンはずっと動物を飼いたいと思っていたが、幼い頃はペットを飼うことを許されなかった。恵まれなかった少女時代の反動か、チュンは一三年あまりをかけて動物を相棒とする長い歴史を築き上げ、ついに尊敬すべきローズを見つけたわけである。彼女はお馴染みのルートをたどった。ハムスターのユージーン、ネコのキティ（オスで、彼女のあずかり知らぬところで命名された）。ギネス、ブーマー、ウルフィは全部、収容所にいたネコとイヌだ。動物の偉大なる救世主であるチュンは、家族には頭がおかしいと思われているだろうが、これが自分の天職と言ってはばからない。砂漠ガメの冷静な振る舞いと目新しさに惚れ込んでからは、その扶養者になるという避けられない道をたどることになった。一年かけて裏庭にローズの生息地をつくりあげると、いよいよ正式の養子縁組の運びとなった。

「たぶん小さめのものになるだろうと言われたわ」と、チュンはローズと出会った日のことを回想する。保護施設は張り詰めた雰囲気に包まれ、申請者たちが分娩室の前の新米パパさながら、落ち着かなげに行き来していた。養子に出される二〇匹あまりの砂漠ガメが箱のなかで待機する前で、里親委員会の職員が申請者ひとりひとりにタブレットを使った申請書の書き方を説明した。こそとも音のしない小さめの箱をもらったデニースと夫のブラッドは、用心深く蓋を開けて、初めてローズと対面した。カメが冷静で、温かみのある、問いかけるような目でふたりを見返す。それがひと目惚れの瞬間だった。

家に連れ帰ったローズが新居の探検を始めたのは一時間半ほどたってからだった。チュンとブラッドが予想したより冒険好きらしく、囲いのなかを歩きまわり、外壁をよじ登ろうとさえした。それはほんの始まりにすぎない。動物の個性を知るにはともに長い時間を過ごす必要がある。とりわけ、相手が哺乳類でない場合は。「ローズは自立した……野生動物だった。なぜあの子はイヌやネコみたいに人間と親密になれないのかしら?」。チュンは当然のようにそうなるのを期待している。だが私は、抱きしめられないからといって、人が動物に対する愛情を育めないわけではないことを知っていた。ローズも最初はよそよそしく思えるかもしれないが、時間がたてば、チュンとブラッドがキッチンの窓から呼びかけると、首を上げて応じるようになった。食べ物の好き嫌いがはっきりしているように見えるが、ときによっては貪欲になり、ごちそうを平らげる前にブドウの葉を蔓から取り除くよう要求したりする。また遊びも大好きで、泥の山を崩してつくり直したりもする。チュンがローズの住まいである庭に腰をおろしていると、ローズはネコが人のすねにすり寄ってくるみたいに、チュンのつま先を鼻でつついた。「つっつくだけで、決して嚙まないの」

養子縁組の日、チュンはその部屋にあるカメの入った箱を観察した。ローズのと同じく、ほとんどの箱が空気しか入っていないように静まり返っていた。それでもひとつだけ、がたがたと音を立てて、元気よく部屋を動きまわっているものがあった。そのカメは、「経験を積んでいる人」に割り当てられる予定だった。チュンとブラッドがおしゃべりしていた相手にその箱が与えられ、みんなでなかを覗き込むと、脱獄を企てた大型のオスガメが新しい所有者をにらみ返した。チュンは安堵のため息をついた。「そのカメだったら、私の手には負えなかったかもしれないわ」。おそらくそれが、砂漠ガメ里親委員会のパンフレットに、人が砂漠ガメを飼おうとする一番の理由は「人間と同じく、カメもそれぞれに個性をもっている（口答えはしないけれど）」からだと書いてあるゆえんだろう。もっとも一部のカメのせいで、「口答え」の部分を改訂した新しいガイドブックが必要になるかもしれない。

独立して生きる動物と長い時間を過ごすと、個体の行動特性がだんだんわかってくる。個性を調べるために砂漠ガメを養子にする人はいないだろうが、調べることはできる。ひと目見ただけで、はっきりした違いが見てとれる。保護者の鼻に顎をこすりつける「愛情深い」ものもいれば、箱を突き破ろうともがいてチュンを怖じ気づかせる「闘士」もいる。心温まるお話は別にして、科学は突発的な危機にも対処しなければならない。カメは恐竜がまだ現れていないペルム紀から存在する。[15]パンゲア大陸の分裂、いくたびかの氷河期、何度もあった大量絶滅を生き延び、そのうえいまだに繁栄している。きっと、カメは適切な行動をとってきたのに違いない。それなのに、すべてのカメが一様に完璧なカメの典型へと進化してこなかったのはなぜなのだろう。なぜ変種が数多くあるのだろう。

この先の章では、進化が同じ生物種のなか、あるいは生物種間で、なぜ個性の多様性を選ぶのかという問題を検討する。大きくかけ離れた動物相のなかに、進化が類似した個性を植えつけていくさまざまな手法を概観していく。動物は個々独立した存在であるから、十把一からげにレッテルを貼れば、正確さは増すかもしれないが、理解は浅くなる。科学はパターンや理解を追い求めるもので、単に違いを見分けるためだけの違いを探しているわけではない。

一見、系統発生的な階層を利用するのが、個性の特徴を説明する最も秩序だったやり方に思えるかもしれない。つまり「最下層」から、「より高等な」生物種へとたどっていくわけだ。だが私たちはすでに、ニワトリやカメがイヌやネコやイルカに負けない個性の持ち主であるのを見てきた。したがって、動物の個性研究を行うためには系統樹にもとづく枠組みは適切ではないことになる。

もっとよいアプローチは、似たような進化段階にある生物種を「またいで」個々の個性をグルーピングすることだ。動物の行動研究において、性格検査は探している特性を見分けるための出発点を提供するが、野生動物を容易に分類できるカテゴリーを与えてはくれない。しかも忘れてならないのは、観察の対象となる動物はほとんどの場合、自由に歩きまわっていること、質問に答える能力はむろんないことだ。そこで私たちの研究は、判別できる特徴の種類を検討するより、それを進化上の妥当性と直観的な定義をもつ連続体に分類することになる。勇敢な闘士から温厚で愛情深いものまで、飢えた捕食者から用心深い被食者まで、群れの一員から一匹狼まで、探検好きの旅人から家に閉じこもる引っ込み思案まで。それを起点にすれば、パターンははっきりする。進化論的観点から言えば、個性の獲得は動物の生理学的適応性にとって欠かせないことなのだ。

第3章　勇敢な闘士か、愛情深きものか

セレステを見つけたのは大型のゴミ容器のそばだった。ふわふわした毛をまとい、おとなしい性格で、首輪はつけていなかった。ほんの少し内斜視《ないしゃし》の澄んだ青い目をもつこの愛らしいネコは、喜んで私たち家族とわが家を受け入れた。彼女はピングイノとは明らかに違っていた。ピングイノの縞模様はくっきりと黒白に分かれている。セレステのほうは毛が長く、雑色の斑《ぶち》。ピングイノが攻撃的で、ネズミや鳥に襲いかかり、トカゲを餌にするのに対して、セレステはぼんやり空《くう》を見つめ、ふわふわでやさしげな姿は美しいファッションモデルのようで、頭を働かせるのは得意でないように見える。ピングイノはいつもトイレの便器に脚をかけて水を飲むが、セレステは毎朝キッチンの流しに飛び込む儀式を習慣にしている。彼女は、私がコーヒーを淹れに階下に降りてくるのを待っている。コーヒーを淹れるあいだ、彼女は私に蛇口をひねらせて水がぽたぽた垂れるようにし、しずくをハムスターのように舌でなめる。飲み終えると、ぼんやり空を見上げる。ときには開けっ放しにした蛇口から水が首や体に垂れてくることもある。私は、普通ネコは水が嫌いで、風呂やシャ

ワーはなんとしても避けるものと考えていたが、セレステはいっこうに気にしないし、気づいてもいないようだ。見ず知らずの人の親切がなければ、彼女は間違いなく飢え死にしていただろう。彼女は闘士ではなく、愛情深きものであり、ふんだんな食べ物、冷たい水道水、適度なシャワーを与えられるわが家で快適な暮らしを送っている。ただしネコの近所付きあいについては、受動的な生き方は不利益となる。

同じブロックに、私たちが悪の権化と考えているネコがいる。極悪非道ネコがしばしばそうであるように、そのオスは白くて、毛がふわふわして、大きな目が愛らしい。私たちは彼にスノーボールという名を付けた。ピングイノは好戦的な殺し屋だが、彼にも限界がある。スノーボールが庭に入ってくると、ピングイノはおとなしくなり、家屋近くの相手の手が届かないところにじっとしている。捕食者らしい行動は影を潜め、餌食にされないことに専念する。無邪気で穏やかでネズミのように無害なセレステは、あろうことか何も知らずにぶらぶらと地獄の顎に向かって歩いていく。邪魔なセレステにいらだったスノーボールは力で応じ、ワルキューレのようにぼんやりネコに襲いかかる。戦闘はあっという間に終了する。なにしろセレステはうずくまって、殴打を受けることしか知らないからだ。ピングイノはいかにも彼らしく、尾を振りながらデッキをぶらつき、空を見上げて何も気づかぬふりをする。スノーボールを追い払うのは私の役目で、彼の姿を見るたびに毎度同じことをしている。

セレステは愛らしく、穏やかで、思わず抱きしめたくなるような魅力がある。飽きられて追い払われることなど考えられず、長くペットとして可愛がられるはずだ。息子を連れて三ブロック先の小学校まで歩くときには、よくついてきた。横断歩道を円を描きながら渡る姿に、交通指導員がうっとりと目を細める。アダム小学校に着くと、セレステは途方にくれたように顔を上げ、自分がどこにいるのかまったくわからないようだった。私たちは仕事に遅れるのもかまわず、彼女を家に連れ帰った。人間の子供にも、悪ガキが石を投げているあいだ本を読んでいる子がいるように、動物にもほかと比べてはるかにやさしい性格のものがいる。愛情深いもの、友だち、ペット、子供……私たち人間は、個々のやり方でこの世界に適応してきた彼らを、それぞれにどう愛すればいいかを知っている。

それにしても、スノーボールに代表される一部のものは、なぜあれほど好戦的なのだろう。剣に生きるものは剣に死ぬのではないのか。弱さのなかの強さもあれば、弱さのなかの弱さもあるのでは？　どうして同じ種の二匹の動物にあれほど根本的な違いが生じるのだろう。セレステは自分が投げ込まれた環境を誤解したことで翻弄される、気位の高いネコの世界のブランチ・デュボア［テネシー・ウィリアムズの戯曲『欲望という名の電車』の女性主人公］だ。人好きのするピングイノをブランチの義弟で粗野な工場労働者スタンリー・コワルスキーになぞらえるのは少々無理があるが、このネコもスタンリー同様、戦う姿勢で生きている。セレステはやさしい愛撫と残飯で充足し、スノーボールは近隣を支配したがり、ピングイノは「幸せの青い鳥」を食べにこっそり抜け出していく。

チャカタルリツグミ（ウェスタン・ブルーバード）は田園の静けさを体現したような鳥で、明るい日差しのなかではブルーの体が虹色の輝きを放つ。胸のオレンジ色が、羽や首、頭のブルーをさらに青々とさせている。彼らは軽々と飛びまわり、虫に向かって急降下すると、すぐに木のうろのなかに姿を消す。繁殖期には狂乱とも言える活動ぶりで、オスはテリトリーを主張し、侵入者を追い払うのに大忙しだ。チャカタルリツグミにはキツツキのようにくちばしをドリル代わりにする習性はなく、ほかの鳥が虫を探して開けた穴を当てにしている。[1] オスにとって繁殖は大変な難題で、近辺をある程度安定した支配下に置かないかぎり、メスの気を引くことができない。居住地が何より肝心だ。メスに求愛する前に、虫掘り場所と巣穴を適正に組みあわせたものを手に入れる必要がある。[2]

巣穴を十分に供給してくれる古い森が必要不可欠であるのを除けば、チャカタルリツグミの暮らし方や食性はかなり柔軟である。ベリー類を好むが、ミミズやカタツムリ、地面を這う無脊椎動物も喜んで食べる。[3] ときには低い枝に止まって虫がそばを飛び過ぎるのを待ち、「タカもどきに」空中で虫を捕らえることもある。また、小枝から爆弾のように急降下して、地面をこっそり這っている無脊椎動物に襲いかかったりもする。

最も望ましいテリトリーは、植生と、オスが地面の餌を探すときに止まる小枝の数が適度に組みあわされたものだ。テリトリーの防衛は死活問題で、鳥たちの戦いは熾烈なものになる。メスは気まぐれで、ときにはオスを裏切ることがある。大きなテリトリーをもつオスはよほど注意していないと、孵化したひな鳥の多くは自分の子供ではなく、ほかのオスの子供をせっせと養育する寝取られ夫の役割を演じることになる。チャカタルリツグミのオスは献身的な父親で、テリトリーと配偶者のために熱心に戦い続ける。孵化の最中は配偶者に餌を運び、産まれたら産まれたで、今度はひな鳥に餌を与える助けをする。要するに、チャカタルリツグミの幸福は三つの仕事を抱えた働きすぎのオスに象徴されるわけである。

同じく働きすぎの研究者であるレネ・ダックワースは、モンタナ州のローロ国立森林公園にキルトのように広がる米松《ダグラスファー》とポンデローサマツが密生する木立と開けた草原のモザイクを歩きまわる。彼女の仕事は、チャカタルリツグミが棲むのに適した巣穴のある成木の幹や腐りかけた倒木を探すことだ。穴が見つかると、彼女はうろの横にもってきた規格品の巣箱を取り付ける。うまく条件が合えば、彼女はモンタナ州西部の原野で繁殖するチャカタルリツグミの巣の密度と質に影響を与えることになる。この研究は進化の断続平衡に似て、着々と進むのではなく突発的に成果が生まれる気まぐれなもののように見える。営巣にふさわしい環境を見つけ、選択したら、あとはただ待つしかない。

翌年、レネは森へ戻ってきて、チャカタルリツグミの捕獲を始める。コナムシを載せた餌台を使って腹をすかした鳥をおびき寄せることもあるが、ときには巣箱に手を突っ込んで直接引っ張り出すこともある。鳥を捕まえると、一羽一羽の脚に色分けした識別バンドを巻き、羽と脚と尾を計測する。それぞれの鳥を見分けられ、棲家もわかれば、調査はぐんと楽しくなる。ダックワースがすぐれているのは、チャカタルリツグミのテリトリー行動の観察と実験に一貫して独自のアプローチをとっている点だ。彼女はたいていの場合、罪もない鳥たちを怒らせる手法をとる。

まずは見てすぐにわかるところから始める。オスを計測すると、その体つきは多種多様だが、一部は見事なまでに長い尾と脚をもっていた。おそらく飛んでいる餌を襲うとき、開けた空間を滑空して羽で虫をすくい上げるのに有利だからそんなふうに発達したのだろうとダックワースは推測した。それとは別に、羽と脚が短く、流線型のジェット戦闘機を思わせる機敏な鳥もおり、こちらは密生した森のなかで空中アクロバットをするのに便利なのだろう。鳥が自分の生きる環境に正しく調和すれば、父親になって子孫を増やす確率も上がるのだろうというのが、ダックワースの結論だった。

　事実、尾の短いオスは稠密《ちゅうみつ》な植生のなかで子孫を多く残しているし、尾の長いオスは空間の多いテリトリーをもって多くの子供を育て上げている。要するにダーウィンの視点に従えば、尾の長い鳥は開けた土地にテリトリーをもつのを好んで戦い取り、尾の短いものはその正反対を選ぶ。ただし、科学の世界ではよくあることだが、ダックワースはこの明白な結論がすべてを語っているとは限らないと判断した。[4] 長い尾と短い尾といった生理機能は容易に識別できるが、もっと別の要素も鳥の選択に影響をおよぼしている。チャカタルリツグミの個性の違いが、違う選択をするよう仕向けているのであり、最終的に、昔から科学者が重きを置いてきた生理機能以上に自然選択を左右しているのだ。

　個性といった実体をもたないものを計測する難しさが、個々の野生動物を知ることを格別に困難にしている。普通はなんらかの形で捕獲しない限り、細かく観察することも、行動特性を評価することも容易ではない。ところがダックワースは、捕獲せずにチャカタルリツグミを調べる賢い方法を編み出した。鳥の攻撃性という特徴に焦点を絞ったのだ。

チャカタルリツグミは、キツツキなどほかの生物種が残した木の穴に依存している。とても怒りっぽい鳥で、好戦的なオスは巣穴のあるテリトリーを防衛するために、ほとんど絶え間なく戦っている。したがって、この喧嘩っ早い小鳥は侵入してくる同じ種の個体に暴力的に対応するだけでなく、うろを巣穴にする別の生物種にも対処しなければならない。その一例がミドリツバメで、巣穴を奪いあう相手であり、同じ種の侵入者同様、チャカタルリツグミをいらだたせる。

モンタナ西部の緑濃い森や草原に帰ってきたダックワースは、家族をつくる準備を始めたチャカタルリツグミのつがいが占領している巣箱をいくつも見つけた。[5] ダックワースは小型の金網の檻《ケージ》をもってきていた。サメを観察するためのシャークケージによく似ているが、大きさはスキューバダイバー向きではなく、ミドリツバメに合わせてある。ダックワースはこの小さな鳥の役割の重大さを心得ていた。「個人的にはミドリツバメが気に入っているの……喧嘩好きだけど、いつも負けてばかりいる幼いいとこみたいで」。ミドリツバメを一羽ずつ収めた保護ケージは、チャカタルリツグミからよく見える位置に据えられた（ケージの金網は鳥には動かせないほどきつく張られていたので、鳥同士が接触したり傷つけあったりすることはない。実験後、大騒ぎするミドリツバメは一羽残らず無事に解放された）。ダックワースの調査研究のなかには、木から木へと移動して一羽ずつに餌をやってから元の位置に戻り、近くの隠れ場から鳥たちの起こす騒動を見守ることが含まれていた。彼女はマッチョなオスのチャカタルリツグミが侵入者を襲撃した回数を記録した。チャカタルリツグミの繰り広げる感情過多のドラマの複雑さを、ダックワースほど知る者はほかにいない。おそらく彼女は、チャカタルリツグミの行動研究の専門家などという貧弱な肩書で片付けられたらいくらか気を悪くするだろう。彼女は、チャカタルリツグミをモデルにした進化生態学者を自負しており、事実、にぎやかな小鳥に関する彼女の研究は同じ分野の基礎となるものだ。[6]

ダックワースの見るところ、攻撃的な闘士は巣穴を数多く抱えるテリトリーを保持するには有利だ。だが、彼女の初期の観察結果についてはどうなのだろう? 長い脚と尾をもつオスは開けた空間に生息すればたくさんの子をもち、脚と尾の短いオスは稠密な植生にテリトリーをつくればたくさんの子を育てられるはずだった。ダックワースが発見したこのねじれ現象は、科学者が容易に観察できる生理機能が鳥の選択を決定づけているわけではないのを物語っている。

確かに、攻撃的なオスは巣穴を多く抱えるテリトリーを手に入れるが、怒りで判断力を失い、もっと領土を欲しがっても、手に入る領土は必ずしも彼らに最適の土地ではない場合がある。激しく戦った末に、自分の体のつくりのせいで、さほど力を振るえない場所に落ち着くというのは、いかにも皮肉な話だ。自分の体形を自分に最善の環境に合わせるのではなく、もっぱら攻撃的かどうかによって場所を選んでいるのだ。そう考えれば、巣をつくる場所を決めるのは生理機能ではなく彼らの個性であり、最終的に彼らが愛情深きものとして、父親として成功するかどうかもそれで決まるのがわかる。

こんなふうに、私の若い頃に母親が言ったことと科学が符合するのを見るとうれしくなる。大切なのは見かけじゃなくて、個性なのよ。

もっとも個性が——さらに正確に言えば、攻撃性が——チャカタルリツグミの社会と繁殖を動かしているのであれば、なぜ鳥たちの個性は多種多様なのだろう? この疑問がダックワースを科学へと駆り立てるものの核心にある。彼女は自分の個性が発達し、いまやっていることをするよううながした経緯を語ってくれた。オハイオ州の「トウモロコシ畑に挟まれた一エーカーほどの森」で育った彼女は、小さい頃から自然界の驚異に惹きつけられた。その一方で心理学にも惹かれ、中学校の科学の自主研究で、「なぜ夢を見るのか」という質問に答えられたことを誇りにしている。このふたつの夢が完璧に溶けあって、彼女は野外に出てチャカタルリツグミの頭のなかを覗き込み、妥協することなく「なぜ」という疑問を投げ続けている。

ダックワースの根本的な「なぜ」は本書の核心でもあるのだが、その疑問は自然選択という観点から見た動物の個性の型と関係がある。攻撃的な鳥が巣穴のたくさんある大きなテリトリーを得られるのであれば、なぜいまだに平和主義の鳥が生き残っているのだろう。この疑問への答えは、闘士であることと愛情深いものであることと環境のあいだの、均衡のとれた相互作用のなかに隠されている。ダックワースの喧嘩っ早い鳥たちは、より大きい生息地と巣穴のために、もっと自分に適した生息環境で生きることを犠牲にする場合が多い。それに、ほとんどの時間を戦いに明け暮れているオスは、連れ合いのために餌を探して運んでくることに時間を割けない。もしメスが卵を温めずに巣を離れなければならなくなれば、ひな鳥の生き延びるチャンスは減ってしまう。攻撃的であることは、より多くの巣穴の選択肢をもつ、より大きなテリトリーに直結するが、受動的であれば戦いより餌集めに時間を費やすことが可能になる。

オスにせよメスにせよ、愛情深い鳥は子供を溺愛する分、子づくりには有利な立場にある、とダックワースは考えている。もう一度、自然選択について考えれば、それが「金の指輪」になる。鳥の命を永らえさせ、繁殖を成功させるそうした特性は子孫へと受け継がれていく。「なぜ」とダックワースは疑問を投げかける。「闘士たちは子供を育てられなくて損をするのにあれほど戦うのだろう」。愛情深きものではなく、闘士であることでどんな得があるのだろうか。

「高き身分に生まれつく者あれば、高き身分をみずから獲ち取る者あり、さらにはまた、高き身分をたまたま授けられる者もあることをお忘れなきよう」[『十二夜』二幕五場。安西徹雄訳]は、私の好きなシェイクスピアの台詞のひとつだが、マルヴォーリオがしゃべるとどうしても皮肉な響きが混じる。『十二夜』のなかで何箇所か、シェイクスピアは集団内の個人についての議論と深く関連する疑問を投げかける。どんなタイプの人間が、社会秩序のなかで高みに上り詰めるのだろうか、と。

むろん、チャカタルリツグミよりもっと攻撃的に縄張りを仕切る動物はいるが、ほかの種、たとえばマミジロコガラ（*Poecile gambeli*）には意志の力によって優位に立つ個体がいる。小鳥にとって優位が重要なのは、序列の高いものほど生き延びて繁殖する可能性が高くなるからだ。

リノにあるネヴァダ大学のレベッカ・フォックスは、どんなタイプのマミジロコガラが社会的順位が高くなるかを調べている。[7] 優位を占めるのは勇敢で攻撃的な鳥なのか？　新しい環境では、より勇敢でより大胆な鳥がほかの鳥との社会的な競争に勝つという想定のもと、フォックスとその同僚は観察活動を行った。野生の鳥を四八羽捕獲して持ち帰り、数週間、一羽ずつ別々のケージに入れておいた。鳥の探検する傾向を測定するために、研究者は止まり木が何本かある広い部屋で、ひとつずつケージの扉を開いた。怖がり屋の鳥はなかなかに留まるか、ケージの近くを離れなかった。勇敢な鳥たちはあちらからこちらへと止まり木を使って部屋を飛びまわった。小さなマミジロコガラを怖じ気づかせる手段としてもうひとつ、ピンク・パンサーのプラスチック製キーホルダーを止まり木に吊した（論文にここまで細かく書いてくれるのは実に楽しい）。勇敢で大胆な鳥が近くへ行ってこの新奇なおもちゃをつついたのに対して、内気な鳥はそれがぶら下がっている止まり木には止まろうとしなかった。

鳥が社会的序列を確立するうえで、性格型はどんな影響をおよぼすのだろう。大胆さと攻撃性という観点の連続体を使って個々の性格型を見きわめてから、研究者は攻撃型と受動型一羽ずつのペアをもう一度広い部屋に放って、どちらが優位に立つかを観察した。マミジロコガラにおける優位と劣位はふたつの形で表現される。優位な鳥は積極的にもう一羽を攻撃するが、劣位の鳥はその機先を制して一番良い止まり木から飛び立ち、序列の高い相手にそれを譲る。

実験の結果は興味をそそられるものだった。実験によって、新奇なものを進んで調べる鳥の積極性が、攻撃的な性格型とは一致しないことがわかった。積極的な鳥たちは攻撃的タイプの範疇には収まらず、攻撃的から受動的までの連続体の全体にわたって散らばっていた。いかに勇敢でも、それがそのまま仲間の鳥より優位に立つことにはつながらないのだ。もっとも研究者は、新しい環境に飛び込んでいける勇気と度胸をもつ鳥は、ひとつの明確で際立った性格型であることを発見した。鳥は、勇敢に未知の部屋に飛び出していくか、あるいは怖がって尻込みするかのどちらかだった。それでは、勇敢な鳥が最も優位に立てるのだろうか？　手っ取り早く言えば、答えは「ノー」だ。

勇者と臆病者を組みあわせた一二のペアのうち一〇ペアまでが、冒険好きではないほうの鳥が優位に立っている。マイホーム主義者が圧倒的に鳥小屋を支配しているのである。

この調査は、『十二夜』のマルヴォーリオのような誤った解釈をする愚を犯さぬよう注意を喚起するだけでなく、個性に関する証拠をじっくり検討すること、ありがちな落とし穴にはまらないよう気をつけることを思い出させてくれる。落とし穴のひとつは言葉の意味の問題だ。私はよく「勇敢な」という言葉を使い、研究者たちは繰り返し「大胆な」という言葉を使っているが、このふたつは場合によってはまったくかけ離れた意味になることもある。もうひとつの落とし穴は、フォックスの調査が教えてくれるように、思い込みの問題である。鳥は新しい環境のなかでは勇敢で大胆になれるかもしれないが、別の状況では臆病にも恐妻家にもなるのである。

わが家の庭で、円網《えんもう》を張るクモを見つけた。細い糸の鎖のなかに、黒と黄色の宝石を組みあわせたものがはめ込まれている。私は足を止めて、ふたつの色がくっきり分かれている境目を観察した。ロールシャッハ・テストを転用したような色あいの、抽象模様の外套《がいとう》にすっかり魅了された。最初に見たときは黒曜石の表面に鮮やかな色を塗りつけたもののように見えたのだが、彼女が動き出すと、それは石ではなく精力的なダンサーであるのがわかった。その装飾された体だけが彼女の明確な特徴ではない。脚には七〇年代のゴーゴー・ブーツを思わせる長い黒のブーツを履き、関節から上は淡褐色の肌がむき出しになっている。そして、まるでピアノの鍵盤をなめらかに走る指のように、自分のステージの上を優雅に動きまわる。芸術についても、科学についても、私が常に恐れているのは、人々が美を、驚異を、生命の潜在能力の深さを忘れてしまうことだ。

私たちはこれほどの美しさを日々、自分の庭で見られると期待しているだろうか。それを無視したり否定したりするのは罪ではないのか。あるいは、偏見があまりに身にしみ付いているので、円網を張るキマダラコガネグモが美しさや行動様式や特性をもっていることに思い至らないのだろうか。彼女は美しいと同時に勤勉でもある。結局は消えてしまうのに、毎朝せっせと巣を紡ぎ、翌朝になるとまた張り直す。相手役のオスを危険なまでに魅了するのも、しごく当然のことではないか。

科学者にも私たち同様、好色な者がおり、彼らはキマダラコガネグモ（*Argiope aurantia*）の求愛と交配システムにとりわけ関心を抱く。この種は、ミナモオドリバエ属のハエと同じく、風変わりな行為を行う。性的共食いだ。先駆的研究者であるキャピル・K・キャドカとマサイアス・W・フォルマーは、昆虫動物園のようなクモのコロニーをつくって、たくさんの踊る宝石を放し飼いにした。クモは動物の個性について学ぶときに真っ先に頭に浮かぶ生き物ではないが、彼らの社会システムの生と死のあいだの相互作用を考えると、動物界の攻撃性や愛情、戦いの傾向を調べるにはもってこいの候補者である。

キャドカとフォルマーは飼育場で育てられているかわいらしい「クモの子」から調査を始めた。まず、クモの幼児が巣を張れるように、金網を張った枠をつくった。それから、ミバエを飼育場に放し、クモの巣に掛かるようにした。子供でもメスの体は十分発達しているので、キャドカとフォルマーは未来の母たちのディナーにコナムシの幼虫を好きなだけ食べさせ、一匹ずつアクリル製の箱に住まわせた。体の小さなオスはまとめて小さなプラスチック容器に押し込んだ。

ところがゲームはたちまちヒートアップし、クモたちは暴力的なセックスによって、自分たちの暮らしを刺激的なドラマに変貌させた。どんな種でもそうだが、この行為は精子の移転で完結する。キマダラコガネグモの場合、オスは触肢《しょくし》と呼ばれる、ふくらませることのできる二対の器官をメスの生殖器に挿入してこの仕事を果たす。オスにとっては残念なことに、ほとんどのメス（ほぼ八〇パーセント）が、一本目の触肢の挿入後一秒足らずでオスを攻撃し始める。メスはオスのおよそ五〇倍の体重があるので、おそらく求婚者をおやつにすることになんの苦労もないはずだ。それでも一部のメスには、求婚者とじゃれあう気になれないものもいて、およそ二五パーセントのメスが、オスが二本目の交尾用器官を挿入して行為を完結する前にオスを殺してしまう。[8]

メスのクモには、配偶者を殺す性癖を生じさせる何かがあるのだろうか？——キャドカとフォルマーはそれを突き止めようとした。その答えを得るために、ふたりの研究者は個々のクモの攻撃性を測定しようとした。成虫と幼虫両方の巣にコオロギを落とし、その餌に攻撃を仕掛ける時間を記録した。体の大きさがどれだけ影響するかを知る必要があるので、ふたりはメスのボディサイズを測定した。この脚長の被験者たちをどうやって計ったのか？　研究者には特にめずらしくもない手法で、二酸化炭素の詰まった容器にクモを入れて、麻痺しているあいだに身体測定を行ったのだ。

個々のメスがコオロギに対してどれだけ攻撃的になったかを知るために、研究者たちはメスがどれだけセックスに飢えているかを測定した。まずは、実験を行う前日にコナムシの幼虫をメスにたっぷり与えて空腹にならないようにする。次に、無作為に選んだオスをそっとメスの巣に落として、オスが求婚するかどうか、メスがそれに応じるかどうかを見守る。この実験の結果はごく単純な二分法だった。求婚者を殺したメスもいたし、殺さなかったメスもいた。

この結果から、メスにも攻撃性の度合いの違うさまざまな個体がいることがわかった。約二〇パーセントのメスは配偶者を攻撃せず、六〇パーセントが敵意むき出しとはとうてい言えない攻撃を行ったが、殺しはしなかった。マウンティングしたオスの二〇パーセントだけが、交尾を完了する前に息絶えた。生まれつきもっている何かが、あるいは幼いときに身につけた何かが、配偶者を殺さずにはいられないメスの凶暴さの原因になったのだろうか。獰猛な捕食者はもともと攻撃的な性格特性をもっていて、その行動が性行為にもおよんだだけなのだろうか。ふたりの研究者にはほかにも除外する必要のある仮説があった。配偶者殺しは性格特性などではなく、比較的体の小さいメスがひどく腹をすかしていただけなのだ、という説もそこに含まれる。

体のサイズは影響するのだろうか？　オスのサイズは？　メスのサイズは？　オスとメスのサイズの違いは？　ずばり、「ノー」だ。生理学的測定はどれも、性的出会いの結果とは関連がなかった。行動のほうは別で、特にメスが幼い頃にもっていた攻撃的な捕食性の度合いは、オスに対する攻撃性と関連していた。もっともその関連性は完全なものではなく、コオロギに対するメスの攻撃性によって統計的に説明できる性行為中の攻撃は、わずか二一パーセントにすぎなかった。子供たちがオスに対して攻撃的で、配偶者を殺しているのに、コオロギに対して自信のない態度をとるメスのグループがはっきり存在していた。この調査は、クモのなかでさえ個性に幅があることを示している。ほかより攻撃的なものもいれば、攻撃的な傾向も状況によって変化する。同じ状況に置かれても、すべてのクモが同じ行動をとるわけではないのだ。

エイリック・W・バーニングと大勢の共著者は、メスのクモの特徴を調べるために漏斗状の巣を張るジョウゴグモ科の *Agelenopsis pennsylvanica* を研究材料にした。[9] 実験はキャドカとフォルマーのものとよく似ており、バーニングの助手たちは餌に対する攻撃性を測るために、メスの巣にコオロギを落とし、捕食者が襲いかかるまでの時間を計測した。個々の女狩人の攻撃性を確認したのち、研究者たちはオスを引きあわせた。

一部のメスは食欲旺盛で、間髪入れず餌に襲いかかった。それ以外はそれほどでもなく、時間を置いて攻撃を始めた。繰り返し個体ごとに計測を行った末に、研究者たちは無味乾燥な表現で、攻撃性の度合いは「再現性が高い」と報告している。ほかと比べて攻撃性の高いクモはいるが、研究者は餌を与えないようにして、クモの攻撃性を巧妙につくり出した（腹をすかせた相手を怒らせるのはごく容易なことだ）。結局、求愛中の花婿候補のオスの運命を最も正確に予測させるのは、ふたつの測定結果だった。メスのコオロギを餌食にする欲求が高いか低いか、メスが腹をすかせているかどうか、である。

個性についてはENTJ型のようなものが使えるし、愛情深いものか闘士かで分類することも可能だが、忘れてならないのは、そうしたラベルはあくまで個体のもつ傾向を表現するもので、常に変わらぬ測定値ではない点だ。たとえば、仕事がうまくいかなかったり、通勤電車がひどく混んでいたり、ドアにつま先をぶつけてしまったりしたとき、人は朝出会った同僚にきついことを言ったり毒づいたりすることもあるだろう。そうした出来事が人を辛辣で怒りっぽい人間に変えてしまうのだろうか。必ずしもそうとは言えない。それに、個体のもつ個性が時間や環境によって変化するのは人間だけはない。クモでさえ、腹をすかせ、不機嫌になり、普段とは違うことをする場合もある。バーニングらは、「（オスが）特定のメスに求愛行動をとろうとしたときの危険は、メスが生まれもった行動の傾向と、直近の給餌歴の両方に左右される[10]」と指摘する。オスが求愛を成功させるためには、思いやり深い相手をいち早く見つけるだけでなく、相手のご機嫌のいいときに行動を仕掛ける見きわめが必要なのだ。

別種の小さなダンサー、ハシリグモ（*Dolomedes spp*）は、節足動物が水面に落ちてくるのを浅瀬で待ち受ける。不幸な虫は、水に落ちるという不運を体験したうえにハシリグモに襲われるのだからたまったものではない。熟練した狩人であるハシリグモが食べるのは無力な落伍者だけではなく、小魚やオタマジャクシも好物にしている。メスのもうひとつの好物は、ご推察のとおり、オスのハシリグモである。オスがごちそうに変わってしまうことで、この共食いの性癖が地域の個体数の変化に影響をおよぼす。オスがまず孵化し、次にメスが孵化する。クモの子が自分たちの住む世界を初めて目にするときの性比は半々である。ところが、孵化してからまもなく性比は非対称となる。オスはメスのディナーに供されるために、その数は激減する。

当然のことながら、求愛の出会いはオスにとってきわめて重要なもので、自然選択の驚くべきプロセスのなかで、オスたちは儀式化された求愛ダンスを身につけた。オスは脚を左右に振ってメスの巣を揺らし、メスをその気にさせる。ダンスを終えると、オスはおずおずと近づいていく。もしそのダンスでメスの心を和ませられないと、オスはメスのランチに変わってしまう。

スウェーデンの研究者、ゴラン・アルキビストとステファン・ヘンリクソンは六〇匹のメスと五五匹のオスを、ヴィンダラーヴェン川に近い低湿地から集めてきて、水槽と、体を休められるスタイロフォームのいかだを備えた快適な新居を与えた。[11] 研究者たちが知りたかったのは、繁殖が目的であるなら、なぜメスは交尾の完了前にオスを食べて、自分の卵子の受精を危険にさらすのかという点だった。

ここでもうひとつ、科学界で演じられるメロドラマが見られた。アルキビストとヘンリクソンはオスをメスの水槽に入れて、四五分間、交わることを許した。もっとも、オスが殺されなければだが。確率は決してよいものではなかった。出会いの七八パーセントで、メスは求愛するオスを追いまわし、攻撃した。オスにすれば、しゃれたバーで女性に一杯おごるのよりはるかに危険率の高い求愛システムと言える。それでもオスのクモにとってまずまず良かったのは、おおかたのものが逃げられたことで、殺されて食われたのはわずか一一パーセントだった。一部の幸運なオスは冷静なメスを見つけて、マウンティングを許されたが、それもオスの二二パーセントにすぎなかった。彼らのほとんどが触肢の挿入と精子の移転をわずか数秒で終わらせて、後戯の愛撫と恍惚に浸るひまもなく、いとも事務的に飛び離れ、文字どおり命からがら逃げ出したという。

メスが卵嚢《らんのう》を産み、一〇日間それを抱いたあとに生じる行動の違いの進化的意義は容易に読み取れる。一度だけオスの触肢を挿入されたメスの受精率はわずか三五パーセントである。二本の触肢の挿入を許した場合は、九七パーセントが受精する。処女のメスは当然、不受精の卵嚢を産んで、血統はそこで絶たれる。オスに対する（文字どおりの）飢餓感に負けた攻撃的なメスは、実質的には不妊手術を受けたようなものである。

どうしてそんなことになるのだろう？　攻撃的なメスは繁殖ができないのなら、いまだに攻撃的なメスが存在するのはなぜなのか。行動の変動性、つまり一見理屈に合わないように思える行動を進化が要求する問題については、本書でもこのあと繰り返し取り上げられることになるだろう。ハシリグモについて言えば、メスが産むことのできる卵の数は、若いときにどれだけ食べたかによって決まる、というのがその答えになる。また、彼女がどれほど攻撃的な狩人かにもよる。体が大きいのはメスのクモにとって良いことである。なぜなら、健康で大きい体は卵を数多く産めるからだ。だが、体が小さくて豊かな愛情をもつものにも利点はある。卵をたくさん産むことはできないかもしれないが、受精はできるからだ。どちらのタイプにもある程度の強みがあるから、自然は両方を選択したのだ。

もしかしたら、戦うことと愛することを選択しなければならない種のなかには、クモ以上に私たちによく知られているものがいるかもしれない。よどんだ池や水たまりのそばで、池に石を投げたり、水面を奇跡のように滑る生き物を眺めたりして遊ぶ子供にすれば、アメンボは特に見慣れたものだろう。彼らは撥水性の毛で覆われた脚のおかげで、水面に浮いていられる。脚で水を蹴ると目に見えない渦が生じて、彼らの体を前進させる。[12] ほかの虫は水に落ちると前に進めないので、この捕食性水上歩行者はやすやすと餌をつかまえられる。

アンドリュー・シーほど、ミスター個性《パーソナリティ》と呼ぶのにふさわしい人物はいない。それは彼の愛すべき性格のためだけでなく、彼の仕事は動物の個性研究の最先端を行っているからだ。シーは数十年にわたって、カリフォルニア大学デイヴィス校で捕食者と被食者の関係を研究し続けている。

おびただしい数の論文のなかで、シーはアメンボの個性を調べ、個体ごとにどんな生き方の違いがあるかを論じている。[13] 種によっては、収集が比較的やさしいものもいる。シーとその同僚は、カリフォルニア大学デイヴィス校の敷地を流れる小川をうろつくだけで被験者を見つけることができた。彼らはアメンボを捕まえると、一匹ずつ別の色の塗料を塗ってから、波を立てて区分けした子供用プールをいくつも並べ、そのなかにアメンボを入れて観察した。毎日、オスとメス二五匹ずつの五〇匹をひとつのグループにして、各個体がそのままプールに留まるか、あるいは波を乗り越えてほかの区域に飛び出そうとするか、プールの縁と覆いのそばから動かないか、あるいは開けた水面に乗り出していくかを記録した。一匹一匹の動きと休息、食事、交尾も追跡した。また、アメンボたちが仲間内でどんな交際をしているかも調べた。追っかけっこをしたり、争ったり、ほかのアメンボの上に飛び乗ったりするようすも記録に残した。

すぐに明らかになったのは、アメンボのなかにも（適切な言葉が見つからないが）消極的でものぐさなものがいることだった。それとは逆に、野心家で、はるかに行動的なものもいた。別の側面から見ると、戦ったり追いかけたりするのを好む攻撃的な個体もいれば、お互いに干渉しない個体もいた。研究者たちは主成分分析と呼ばれる統計学的手法を使い、個体それぞれの測定値をすべて合わせて、いくつかの要素をもつ数学的連続体をつくって個々の個体を図示した。連続体の一方の端のオスは不活発で平和を好み、もう一方は行動的で好戦的な闘士が位置する。

次の段階でシーがやったことは、科学の醍醐味とも言えるものだった。科学者は、アメンボには攻撃的なものもいれば無気力なものもいるといった観察結果だけでは満足しない。シーとその同僚は、もし……ならどうなるか？——へと疑問を広げた。シーは実験方法を微調整して、ダックワースがチャカタルリッグミに仕掛けたのと似たやり方でアメンボにちょっかいを出した。アメンボの個体を、その個性にもとづいてグループ分けしたのだ。熱意のないオスを拾い出していくつかのグループに分け、次に活発なオスを集めて別のグループをいくつかつくる。果たして、どちらのグループがプールのなかで栄えるか？

シーと同僚たちはまず、アメンボがとった行動は最初に置かれた環境のせいだけではないことを証明しなければならなかった。プールの端を動かなかった不活発なオスは、単に威嚇されてそうしたわけではないという考えを捨てる必要があった。アメンボに居場所を選ばせたのは、内的条件なのか外的条件なのかを判定したかった。同じ動物であれば、別の状況に置かれても性格特性はそのまま維持されるのか？　もし維持されないとすれば、アメンボは刺激に反応しただけで、個性をもっていることを実際に証明したわけではない。そこで、研究者たちは闘士と闘士を組みあわせたグループ、闘士と不活発なアメンボのグループ、不活発なものだけのグループをつくって、何が起きるかを見ようとした。

前にも見てきたように、動物はグループ分けされたり、再編成されたりする前もあとも、行動の仕方は首尾一貫している。不活発なアメンボは、単に尻に敷かれているからプールの端で縮こまっていたわけではなかった。動物がどう行動するかは、まわりにいるのがおっとりしたオスか、攻撃的なオスかに関わりなく、生まれながらにもっていたものにもとづいている。全部とは言わないが、少なくとも大半はそうなのだ。シーと同僚たちはまた、アメンボの一部が新たな環境を得て活気づくのも何度か目にした。無気力だったオスが、愛想のいい仲間に囲まれたとたん、急に超攻撃的になった例もある。似たようなアメンボであっても、まったく同じではないのだ。

性格型の違いは自然選択のなかで、どんな役割を果たすのだろう。もうひとつ、繰り返し登場するテーマが、セックスである。なにしろ、すべてがセックスの成功のために行われているのだから。アメンボの性生活を調べた研究者は、それがチャカタルリツグミのものによく似た妥協《トレードオフ》による取引を伴うシステムであると確認した。アメンボはとりわけロマンチックな生き物ではない。本来オスは、ほかのアメンボがそばを通りすぎるとその上に飛び乗る。それがオスだったら、普通はすぐに飛び降りる。相手がメスだと、オスは力を尽くしてつがおうとするが、メスのほうは同じく全力で相手を振り落として逃げようとする。熟練した体操選手であるメスは続けざまに後転を行い、生殖器を接続しようとするオスを追い払う。[14]この無理強いの交尾戦略がとられているのを見て、研究者たちはメスをオスのグループに混ぜて男女混合グループをつくれば、強い相関関係が生じるはずだと予想した。このシステムのなかでは、攻撃的な闘士が消極的な愛情深いものを打ち負かすに違いない。ところが一見したところ、この相関関係はさほど強いものではなかった。

もう少し細かく観察すると、オスの活力と威圧力が交尾には効果を発揮するが、それも万能ではなかった。そのことを人間と比較すると、人間の男性の活動力と自信はお相手になりそうな女性から見れば普通魅力的に映るかもしれないが、それが強引すぎれば話は違ってくる。専門用語でよく言う「大馬鹿野郎《アスホール》」というやつだ。アメンボでも事情は同じだ。シーたちが見ている前で、何匹かのオスがあまりにも攻撃的になったために、彼らのプールからメスが逃げ出してしまった。メスが残ったのはもっとおとなしいオスのプールで、彼らはメスに飛び乗ったりしないばかりか、怖がらせて逃がしてしまうこともなかったので、結局、交尾はうまくいった。

繰り返しになるが、どんな環境でも自然が特定の特徴や個性を選ぶことは証明されている。ただし、長い目で見れば環境は常に変化するので、自然が生物種に要求するのは多様な適応性と性格型なのである。

ほかの多くの種でも、メスの選択はオスの個性に応じて変化する。オオツノコクヌストモドキ(*Gnatocerus cornutus*)の場合を考えてみよう。[15] 詩の材料にするのはちょっと難しい生物種だ。オスは細長いジャガイモに区切りを入れて脚を付けたような形をしている。体で最も特徴的なのは、新月刀のように張り出した大顎で、根元に甲冑の折り返しから生じた十字鍔のような構造物を備えている。まさに戦闘のためにつくり上げられた体で、不釣りあいに大きい口はほかのオスと戦うために使っている。

戦えば、ライバルに勝って追い払うことができる。おそらく、より強くて、より攻撃的な勝者ほどメスを手に入れる可能性も高くなるのだろう。そればかりか、昔から最も強いオスがライバルを倒すことで自分の価値を証明し、多くのメスを魅了すると考えられてきた。本当にそうだろうか？

これが、多くの碩学——日本の岡山大学と筑波大学、英国のエクセター大学の研究者が岡田賢祐《おかだけんすけ》主導のもとで行った研究の主眼である。彼らはそうしたテーマにもとづいて、オオツノコクヌストモドキを観察した。[16]

最も魅力のあるオスを特定するために、研究者たちは誰が誰と交尾したかを調べた。皿の上にメスを落とし、次に同じ皿にオスを落とす。オスのオオツノコクヌストモドキはメスの気を惹くために求愛ダンスを踊る。オスはメスの真後ろに位置をとり、メスにのしかかって、体をこすりつけながら相手の背中をとんとん叩く。オスの送ったメッセージにそれなりの価値があれば、産卵管が伸び、しばしの生殖器の交接のあと、二匹は交尾する。研究者はこの儀式を利用し、メスがどんなオスを受け入れたかを調べて、有効な求愛行動の質と量を確認した。たいていは、メスをたっぷり撫でさすり、求愛したオスが交尾に成功する確率が高かった。

こんな下等な鞘翅目《しょうしもく》でさえ、生理機能が行動に影響をおよぼす力を過大視しないよう科学者たちに警告している。オオツノコクヌストモドキに関するこれまでの説では、巨大な大顎をもつオスが戦いに勝利し、その体の大きさと勇猛さでメスを惹きつけるとされてきた。ところが、岡田賢祐とその同僚は大顎の大きさと性的魅力は関係ないと断定した。「大切なのは船の大きさではなく、大海の揺れ」という意味深長なことわざがあるが、経験的に言えば、性的関係において「サイズ」は「動き」ほど重要ではないのだ。鞘翅目の場合でさえも。

妥協《トレードオフ》による取引はどうやら、遺伝的性質と生理機能と個性が互いに影響しあって行われているようだ。鞘翅目のロマンスにおいては、好戦的なオスがほかのオスを排除することによって、メスを手に入れる機会を増やすのが普通である。ところが、メスが男らしいオスばかり相手にしていると、多産とは言い難い男性的なメスを増やしてしまう危険がある。それに比べて、愛情深いメスは同じ性格のオスを好むので、彼らが生み出す多様性によって個体群のバランスがとれるわけだ。

オーストラリア南部に棲息するマツカサトカゲ（*Tiliqua rugosa*）は見た目ほど無気力ではない。この威厳を備えた小さな生き物は、短くて幅広の尾、側面から突き出る小さな脚がワニを連想させる愛らしい姿をしている。さながら、爬虫類界のウェルシュ・コーギー・ペンブロークだ。小さなつま先をいっぱいに広げて砂漠の砂を踏みしめ、大きな口を恐ろしげに全開し、醜怪な舌を振り動かして勇敢に捕食者に抵抗する。その姿かたちも彼らの怖いもの知らずを後押ししており、体を覆う大きな鱗の甲冑のおかげで、こけら板背中《シングルバック》トカゲの別名も頂戴している。

私たちみんながそうであるように、このトカゲにもやるべき仕事があり、その大半は交際と求愛、繁殖に関わっている。彼らは大型の部類に入る長寿のトカゲで、重なりあう行動圏のなかで共存している。春になるとオスとメスが一雌一雄関係を築き、二か月以上一緒に遊び戯れたあと交尾を行う。翌年復縁することもめずらしくないが、常にそうとは限らず、夫婦関係の強度はさまざまである。この章のタイトルが示しているとおり、マツカサトカゲもまた、これまで論じてきたほかの種と同様、互いに攻撃しあうことが少なくない。その戦いによって深刻な傷を負うものもいる。[17]

ステファニー・ゴドフリーは、アンドリュー・シーなどとともに、「オスのトカゲの攻撃性に同一種のなかでも差があることが、トカゲ同士の関係に影響をおよぼしているかどうか、攻撃性と社会的ネットワーク内の立ち位置を結びつける行動様式を特定できるかどうかを調査した[18]」。つまり、オスのトカゲのさまざまな性格型を観察し、それがトカゲの社会にどんな影響を与えているかを見定めようとしたわけだ。

論文の著者たちは六〇匹のトカゲの成体を捕獲し、医療用テープを使って一匹一匹の尾にGPSの記録装置を貼りつけ、一〇分ごとにトカゲの位置を記録した。この記録を集約することでトカゲがどこにいたかを知ることができるが、もっと重要なのは、誰が誰と行動をともにしていたかを特定できることである。研究者たちはふたつの方法を使って、個々のオスの攻撃性の度合いを測定した。ひとつ目は単純で、二週間おきにオスを再捕獲した際、戦いでできた鱗の損傷を数えた。ふたつ目は、ダックワースがチャカタルリツグミに仕掛けたものとよく似ていた。トカゲの被験者一匹一匹の目の前に威嚇的な模型をぶら下げたのである。あとは、侵入者へのオスの対応を1（攻撃性なし）から11（きわめて攻撃的）までに振り分ければすむ。11というランクをつくったのは、過去の研究で最高ランクの10と見なされたものよりさらに攻撃的なものに当てはめるためだった。[19]

その結果を見て、ゴドフリーらはトカゲにも愛情深いものがいるのを確認した。攻撃性が低いだけでなく、関係したメスと強い絆で結ばれていた。好戦的な闘士のほうはツグミの場合と同じく、パートナーと過ごす時間をあまりもてなかった。ときには戦いに集中しすぎるあまり、敵を片っ端から倒しても、戦い終えたあと、その年の相手に求愛する時間を十分とれないこともあった。

ごく小さな社会に生きるトカゲでさえ、他を支配することと、配偶者を惹きつけることのバランスをとらなければならない。繁殖を行えないのなら、なぜ攻撃的なオスは個体群に残れるのだろう。それはおそらく、社会的地位と戦うことでトカゲの序列のトップまでのぼり詰めることと関係があるのだろう。トカゲのなかには、若いときから愛情深いのではなく、最初は喧嘩っ早く横暴だが、次第に老政治家のように冷静になり、長寿という利益を得るものもいる。

高校の公民科の授業では、人間社会、とりわけ社会が集まってできた国家はどう行動すべきかを生徒に討論させる。私たちは銃を選ぶのか、それともバターか、と。闘士のアプローチをとり、資源を巨大で行動的な軍隊に注ぎ込んで国の安全と統一を守るか？　それとも、思いやりある協調性に重点を置き、貧しい人を援助し、兄弟姉妹を優先する愛情深い人になるのを選ぶか？

それに答えるために、私は改めて動物形象化を提案したい。人間の個人行動と集団行動の鏡に、動物とその行動を利用するのだ。たとえ完璧な答えは得られないにしても、動物は期待を裏切らない。

人間はクモやアメンボやツグミと違うわけではなく、動物の個性や社会を人間のそれに照らして検証する比較手法を使えば、少なからぬ利益を得られる可能性が高い。私たちの国家経済は、おとなしいセレステ、攻撃的なスノーボール、積極性と受動性が相なかばするピングイノを生み出したのと同じ圧力を受けて動いている。チャカタルリツグミを戦わせ、メスのクモがオスを襲って食べるように仕向け、アメンボに配偶者候補を追い払ってしまう行為をさせる圧力が存在する。その一方で、一部のツグミを思いやりにあふれた父親にし、一部のクモに殺すより愛することを選ぶ意志をもたせ、やぼったい壁の花になった一部のアメンボの求愛の成功率を高める圧力も存在する。メスの目に魅力的に映るように、ほかのオスを締め出そうとする支配的なオオツノコクヌストモドキもいる。

人間には動物から学べることがたくさんある。動物は、私たち自身と社会に驚くほど似た性格や習性をもっているからだ。私は動物の個性について学んだことを人間の世界に適用せずにはいられない。自然が多様性を好むことを考えれば、侵略者や戦争がこの世から消えることはないだろうが、動物との共通点をよく見ていけば、私たちのあり方をもっとよく理解できるだろうし、自分たちの弱点にも気づくことができる。喧嘩好きの性格と平和志向がバランスをとっているという考えは、上っ面だけの哲学的な思いつきではない。なぜなら人間は、自分たちの絶滅を引き起こしかねない段階まで武器を改良してしまったからだ。穏やかな愛情深い人々が増えたことは、野心のかけらもない退屈な時代の到来を示しているように見えるかもしれないが、世界を核戦争の瀬戸際へと押しやることをためらわない勇敢な闘士が増えれば、破滅の時代がやってくるのだ。

第4章　食べるか、食べられるか

本当は、ピングイノを家のなかに閉じ込めておくべきなのだろう。そのほうが正しいと思うし、そうしてくれれば私は偽善者にならなくてすむ。ばつの悪さも感じなくてもよくなる。というのも、野生生物学者である私が飼っているネコは、屋内だろうと屋外だろうと自由自在に動きまわるからだ。キャットフードで十分太っているのに、ただ楽しむためだけに美しい鳥を無慈悲に殺すこともある。捕食者としての本能をあまりもたず、羽ぼうきに対してすら思いきり攻撃できない隣の室内飼いのネコとはまるで違って、ピングイノは自分が血に飢えた殺戮者であることを見せつける機会を狙っている。外に出たいと叫び、野生生物協会《ワイルドライフ・ソサエティ》からの非難などどこふく風で近所をぶらつくのだ。

私は自分に、ピングイノは自由を「勝ち取った」のだと言い聞かせる。こいつは一緒に旅行しているあいだも、タカからコヨーテ、はては車に至るまで、あらゆるものの獲物にされてしまう可能性があった。とりわけ、自然のなかで迷子になったときはそうだった。果たしてピングイノには、短いあいだだけでも捕食者という本来の姿でいる資格はないのだろうか。

ピングイノの宿敵は、ネコ殺しで有名な南カリフォルニアのコヨーテだ。コヨーテは、原野のネコとも言うべき存在で、並外れたハンターである一方、若くして無残な死を迎える危険に常にさらされている。寛容さのかけらもないオオカミに殺されたり、クマの平手打ちをくらったり、ピューマに待ち伏せされたり、スピード違反の車に轢かれたり、隠れていた猟師に撃たれたり……。コヨーテはまさに、捕食者になるか被食者になるか、殺すか餌食になるかのわずかな狭間で生きのびている。一部のコヨーテはウサギやネズミやシカを襲う貪欲なハンターであり、その武器は鋭い犬歯だ。かつて私は、イエローストーン公園のラマー地区にいるコヨーテを何時間も観察したことがある。コヨーテはたいていの場合、効率を重視するタイプの殺し屋なのだが、彼らがネズミに飛びかかって、まるで遊んでいるような姿も目撃した。金切り声を上げて逃げまわるネズミをおもしろがって放り投げては、また飛びかかり、また投げる。狩りを好むコヨーテが自分の食べ物と遊んでいるのは病的だろうか？　その一方で、ベリーとコオロギを食べて生活し、スイカ畑を荒らして農家に忌み嫌われるコヨーテもいる。コヨーテやネコは、捕食者、被食者のどちらなのだろう？　生物種の性格は何を食べるかで決まるのだろうか？　殺す衝動か、餌を漁る衝動かによって？　それとも、どんな相手に食べられるかによって決まるのか？

自分が多くの種に個性があることを受け入れ、人間を理解するための鏡として動物形象を使うようになったときのことを思い出す。それは啓示のようなものがあったわけではなく、突然頭が冴えわたり「なるほど！」と言う瞬間があったわけでもない。そういう考えが最初に頭に浮かんだのは、野外調査の過酷な環境のなかだった。一九九一年一月一七日、イエローストーン国立公園で作業していた私は、コヨーテに誘いをかけて、彼らのテリトリーの端にある凍った死骸を奪いあわせようとしていた。そのとき、人間とコヨーテにはとても似ている点があるのに気づいた。腹をすかしたコヨーテたちは、さながら「砂漠の嵐」作戦［イラクによるクウェート侵攻をきっかけに、国際連合が多国籍軍の派遣を決定し、一九九一年一月一七日にイラクに対して行った空爆作戦］を遂行する戦闘機パイロットよろしく陣形をつくり、目に見えないテリトリーの境界を越えて出撃した。第一次湾岸戦争の熱暑の砂漠の砂は、冬のワイオミングのパウダースノーとは似てもにつかぬものである。それでも死を賭して資源を獲得しようと、目の前の氷上を動いていくコヨーテは兵士を連想させた。それを観察しているうちに、私の体は骨の髄まで冷えきった。

コヨーテはラマー渓谷の冬の凍てつく寒さと同じくらい仲間を恐れていた。私は襲われる危険はなかったが、周囲の環境は安全とは言えなかった。零下一二度を下まわる寒気は、袖口から染み込んでくるなどという生ぬるいものではなく、服をこじ開けて無理やり押し入ってくる。冬営地にしているタワージャンクションの小屋を出て歩き始めると、純粋な白いタルカムパウダーを踏みしめている感じがした。若い頃にアラスカの沿岸地域や、家族旅行で行った北バージニアで体験した、滑りやすくぬかるんだ雪とはまったく別物だった。

二〇代の頃は、人生は興奮と冒険の連続だと思っていたから、頬を切るような冷たい風は大歓迎だった。痛みを感じても、生きていることを確認できる心躍る刺激だとわかっていた。自然が突きつける難題を喜んで引き受け、未開の地が自分の性格をつくっていくのを受け入れていた。ひとりでタワージャンクションの小屋に住み、ひとりで発信器を付けた生物を追跡し、動物の糞の収集をしていると、次第に孤独に慣れていく。友人や同僚と過ごす時間も楽しかったが、単独で何かを達成するときのスリルと高揚感は捨てがたかった。

たとえば、路上で死んでいるシカを雪で覆われた草原に運んだときには、自分はそりを引くイヌであり、研究者であり、生と死をすべて含んだ方程式の一部分でもあると感じた。実際、そうだったのだと思う。イエローストーンでの仕事を手に入れ、オオカミがやってくる前のラマー渓谷とその周辺のコヨーテを研究することができたのはラッキーだった。

ほかの動物を観察していると、人間であることの弱さを感じることもあった。イエローストーンと言えば、冬の動物で知られている。バイソンは吹雪をものともせず、あごひげに霜がついていることにも気づかぬまま、乾いた植物を求めて雪溜まりに潜り込んでいく。春になれば大いなる自然が私を、足元に横たわるシカのようにハイイログマの餌食にするかもしれないが、冬のあいだはダウンジャケットで断熱され、火星での任務に臨むかのように頭からつま先まで密封されているので、無力な人間である私も最上位の捕食者の代表になれる。テクノロジーのおかげで、自分の住む世界を超越できるようになったのだ。いま私はそのテクノロジーを活用し、身につけているのは毛皮だけで、剝き出しのつま先をなんとか氷と雪で凍らせないようにしている野生の捕食者たちを観察していた。

私は苦労してシカの死骸を持ち上げ、人間の目では見えないコヨーテのふたつのテリトリーの境界線に運んだ。発信器を付けたコヨーテの位置を地図上で確認するテクノロジーのおかげで、コヨーテが認識している境界線をはっきり識別できた。私は、知的活動をつかさどるシナプスが成長真っ最中の若い研究者だった。コヨーテがどんなふうに社会をつくり、どんなふうに目に見えない壁を築いているか、いつ愛しあい、いつ戦うのかを知りたくてたまらなかった。

ある冬の夜、身が引き締まるような寒さのなか、イエローストーン公園の空は見事に澄み渡り、きらめく星たちに囲まれた月が輝いていた。月が沈むと白い世界が闇に包まれるが、そんなときも捕食者と被食者がひしめくイエローストーンの渓谷は生きていた。暗視ゴーグルのスイッチを入れると、光のない渓谷が昼間のように明るくなり、緑色の光がすべてを照らし出した。空を見上げると、あらゆる光の点が輝度を強め、エメラルド色の無限の宇宙に広がっていた。

何時間も待っていると、野ネズミの支配者で死骸の征服者であるコヨーテがようやくやってきた。地域の首長のように威張ったようすはなく、不機嫌でびくびくしていた。動き始めたかと思えばおどおどと後ずさる――そんなためらいぶりが愉快だった。一時間かけて野ネズミに近づくと、あたりを見渡し、また後ずさり、それから一インチずつ獲物に迫っていく。カロリー豊富な肉と内臓を目にしたら、コヨーテは突進するものと思っていた。鋭い犬歯をもつ肉食動物が何を恐れているのだろう？　クマは冬眠しているし、コヨーテに危害を加えるものなどほぼいない。公園で保護されているコヨーテにすれば、人間に撃たれることはないので、私は危険の象徴にすぎない。確かにピューマは脅威かもしれない。ネコが隠した餌のかけらを盗もうとする不注意なコヨーテを待ち伏せているからだ。おそらくヒトのにおいとピューマの脅威が、この小さな捕食者の脚を止めさせているのだろう。何時間かコヨーテを見守っていても、大胆に獲物に突進する場面はとうとう見られなかった。捕食者と被食者を隔てるわずかなすき間にいるからだ。いつでも野ネズミに飛びかかれる捕食者ではあるが、一歩間違えばピューマの待ち伏せによって宴会終了ともなりかねない。食べるという行為は、文法を無視してだらだらと続く文章に入れるカンマのようにふたつの存在を区切るもので、一方の死ともう一方の生がつながっていることを、コヨーテは本能的に知っていた。言うまでもなく、相手に食べられることは段落を締めくくるピリオドとなる。

十分時間をかけてコヨーテを観察した結果、彼らは両極端の動物であると結論した。攻撃的な捕食者であると同時に、用心深い臆病者でもある。この結論はデータと科学で立証されているが、雪に覆われた野原を調査している孤独な野外生物学者でなくても、その目で確認できる。というのも、コヨーテは郊外のあちこちで見られるようになり、いまでは都会の公園で見かけることすらある。カリフォルニアの郊外ではコヨーテによるペットの襲撃件数が増加している。一九九一年に一七件だったのが、年に三〇パーセントの率で増え、二〇〇三年には二八一件に達した。テキサスにおけるペット襲撃件数は二〇〇三年までの一〇年間で四倍になった。少し古いデータになるが、バンクーバーの環境・土地・公園省の記録によれば、一九九五年までの一〇年間で、コヨーテ関連の苦情が三一五パーセント増加したという。[1] 人間に対する襲撃も、カリフォルニアでは一九七八年から二〇〇三年のあいだに八九件起きている。日々の報道でも頻繁にこうした襲撃や衝突が取り上げられているが、北米全体に何百万頭ものコヨーテが散らばっていることを考えれば、実際の確率はそれほど高くないのではないか。事件を起こしたコヨーテが捕食者であるのは間違いないとはいえ、すべてのコヨーテが等しく大胆で血に飢えているだろうか？

　動物の個性という コンセプトは、この地球上に存在する生物種、特に肉食動物と人間との関係を考えるうえで重要である。[2] アメリカの広大な風景のなかには何百万頭ものコヨーテがおり、ほかにも大型の捕食動物が存在する。しかし、動物たちの活動範囲の重なりや、歯が短くて爪もなく、悲しいほどに自衛手段に乏しい人体の構造を考えると、クマやオオカミ、コヨーテによる襲撃は意外なほど少ない。どんな動物も人間を襲うことはできるが、実際に行動に移すのは一部なのだ。人間を襲う動物とそうでない動物がいるのはなぜなのだろう？　確かに、コヨーテのなかには人間の存在に慣れて警戒しないで大丈夫だと学ぶものもいる。しかし、それだけだろうか？

　ユタ州立大学の学生であるパトリック・ダロウは、動体検知装置がコヨーテをどれだけ怖がらせているかという調査を始めた。のちにどれほど多くのことを発見するか、始めた時点では知る由もなかったはずだ。幸運にもユタ州ミルヴィルの捕食動物研究施設で働くことになったダロウは、野外研究用の囲いのなかにいるおよそ一〇〇万頭のコヨーテを調査できた。ダロウは個体を識別し、個々の性格の違いを把握した。彼はそれぞれの囲いのなかにスピーカーとライトボックスと動体検知装置を運び入れた。ホットドッグも持ち込んだが、それは自分の夕食用ではなく、コヨーテに食べさせるためのものだった。コヨーテの動きを感知して怖がらせることのできる装置のスイッチを入れ、その後ろにホットドッグを置き、コヨーテがどのくらいの時間をかけて装置の裏側へ行ってホットドッグを食べるのかを調査した。毎晩、どの個体が光と音を恐れないか、どの個体がホットドッグを守っている装置の横をすり抜けられるだけの大胆さと攻撃性をもっているかを確認した。

ダロウも、私たちがそう予測するよう教えられた結果になると予想していた。大半の個体がグラフの中心に集まり、極端な例外がその両側に広がり、外に行くにつれて少なくなっていく釣鐘型のグラフに落ち着くだろうと考えたのだ。ところが、コヨーテの反応を分類した結果は意外にも通常の曲線にはならなかった。代わりに彼が発見したのは、食べ物を見つけるためと、自分が食べ物にならないようにするためにそれぞれ異なる戦略をもつ、いくつかのタイプのコヨーテがいることだった。

用心深い八頭は、ダロウの電子機器を怖がった。装置に近づこうとせず、ホットドッグも食べなかった。別の三組のペアはそれとは正反対だった。攻撃的ハンターたちは大胆にも一度目の試みからごちそうにありつき、都合、一一〇回以上も装置を起動させた。彼らは「恐ろしげな」装置をまったく意に介さなかった。最も興味深かったのは、臆病な被食者とは言えないが、強欲な捕食者でもない、中間に位置する四組のペアだった。最初は装置を怖がって逃げたが、ユニークなのはそれであきらめなかった点だ。何度かホットドッグを手に入れようとしては、そのたびに装置に追い返された。それでも最後には、ダロウの装置の光と音が無害であることを学習した。このグループは装置に対する恐怖を克服し、それを無視してごちそうにありつけるまで粘り抜いた。

このように、食べ物に関しては個々のコヨーテが独自の行動戦略をもっている。単に攻撃的な捕食者とか、受動的な被食者といった単純な分類はできないのだ。少なくともコヨーテには三つのタイプがあり、それらを捕食者－被食者という連続体の上に配置できる。

さまざまな個性をもつコヨーテは特別な存在なのだろうか？　通常、コヨーテの体重は二〇ポンドから三〇ポンドで、北アメリカの捕食動物のなかでは中ぐらいの体格である。ネズミ、ハタネズミ、ウサギといった被食者には支配者のように振る舞えるが、クマ、オオカミ、ピューマにはあっさり餌食にされてしまう大きさだ。では、オオカミやクマといった食物網の頂点にいて、捕食ピラミッドの頂上でせせら笑っていられる種なら、もっと画一的な行動をとるのだろうか。

人間はオオカミと複雑な関係を築いてきた。私たちはオオカミという種の実体よりはるかに大きなシンボルをつくりあげた。長年にわたってこの動物を憎んできた人々がいて、そういう攻撃的な人間が昔からヒトとオオカミの関係を牛耳ってきた。だが、今日ではオオカミを愛する人の数が増え、それに伴ってオオカミの数も増加している。人間とオオカミが関わりをもつ可能性は年々増している。

オオカミが人間を攻撃するのはきわめてめずらしく、一九九〇年代になるまで、健康なオオカミが人間を殺した記録は合衆国本土には存在しない。もっとも、ときに統計は人を欺く。というのも、合衆国本土のオオカミは一九五〇年代までにほぼ絶滅しているからだ。オオカミがいなかったから五〇年以上も襲われる心配はなかったわけである。めったに姿を見ることのないオオカミについての結論と、どこにでもいるコヨーテについての結論を比較するときは少し注意が必要だが、オオカミが人間を襲った記録は一見の価値がある。

時代と範囲を広げて記録をひもとけば、オオカミが人間を襲って殺すことがあるのは明らかである。[3] オランダでは、一八一〇年から一一年にかけて一二人の子供がオオカミに殺されている。ジェヴォーダンの獣［フランスのジェヴォーダンで人々を殺したと言われているオオカミに似た謎の生き物］は、一七〇〇年代なかばにフランス中南部で六四人を殺したと伝えられる。スペインのビミアンソでオオカミが一三六人を殺したのは比較的最近の一九五〇年代だ。インドでは、オオカミはいまだに子供の敵とみなされ、一九九〇年代なかばに少なくとも八八人を殺している。もっとも、ヨーロッパで広く伝えられているオオカミの襲撃の歴史は細かく精査されたものではない。最近では、二〇一〇年、北アメリカで三二歳の男性がオオカミに殺され、カナダのマニトバでも二〇一三年の三月に襲われた人がいる。これらの統計が物語ることは歴然としている。オオカミは捕食者なのだ。

この問題をさらに細かく調べるために、マーク・マクネイはアラスカとカナダで、恐れることなく人間に接近したオオカミの事例を八〇件にわたって調査した。[4] 当初彼は漠然と、こうした事例はなんらかの病気か狂犬病にかかったオオカミが行った例外的なものではないかという考えにもとづいて調査を進めた。だが、人間とオオカミの遭遇の状況は一様ではなく、病気説を立証できなかった。むしろマクネイの調査で判明したのは、多くの事例において攻撃的で恐れを知らないオオカミが健康であったことだった。オオカミが間違いなく狂犬病だった、あるいはそう疑われる事例はわずか一五パーセントにすぎない。もう少し具体的に見ると、大胆なオオカミは二種類に分けられ、人間を襲って捕食しようとしたものが三九頭（四九パーセント）いる一方で、二九頭（三六パーセント）は攻撃的ではなく、かといって人間を恐れることもなかった。死者こそ出なかったが、八〇件の密接な接触が報告され、噛みつかれた例が一六件あった。これが人間を攻撃するオオカミについての信頼のおける報告であるとすれば、捕食を行う攻撃的なオオカミが存在することは否定できない。けれども、極端に攻撃的とは言えないが、餌になりそうなものを執拗に探し求める好奇心の強い個体も別に存在する。内気なオオカミはこの統計には拾われていないのだ。確かにオオカミは捕食者ではあるが、襲撃記録が蓄積されるのに何世紀もかかったのは、人間の肉を欲するものが少ないからだ。赤ずきんは嘘をついたわけではないが、細かい点を見誤ったのだろう。

あごひげを生やし、いかつい顔つきだがおしゃべりなネイト・ランスは、研究用の囲いに沿ってナイロンのロープを張り、そこに赤い縦長の旗を何枚も吊した。[5] この「フラドリー」なるものは、東欧の王政時代からある古い技術である。その時代、狩人は森のなかで織物の切れ端を花綱《はなづな》のように張っていた。オオカミはフラドリーに出くわすと、そこに頑丈な壁があるように感じて、たいていの場合、横切ろうとはしない。最近になってこのフラドリーは、オオカミと家畜との衝突防止策としてふたたび注目を集めている。一五頭のオオカミを使ったこの実験では、彼らといかにも魅力的なシカの死骸のあいだをフラドリーでブロックして、彼らがバリアーを越えるのをためらうかどうかをテストした。

旗と餌に動体検知装置を加えて、ランスはオオカミの用心深さと欲深さの対比を調べた。死骸が何にも守られていなければ、オオカミは期待どおりの反応をして、五分とたたないうちに群れ全体がごちそうに飛びかかり、囲いのなかで平らげてしまう。逆にフラドリーがある場合、用心深いオオカミは一日たっても近づこうとしない。だが、牧草地の家畜を一日だけ守ってもあまり意味はない。そこでランスは実験を格上げして、フラドリーを電気柵に吊してみた。すると、痛みを伴う衝撃を受けてオオカミはいっそう臆病になり、二週間も死骸に寄りつかなかった。

自分と食べ物のあいだにある仮想の脅威を乗り越えるために、動物は個体によって異なる戦術を用いることがある。その点、ランスのオオカミの群れもパトリック・ダロウのコヨーテと同じだった。電気ショックを浴びても、何度も障壁に立ち向かうオオカミもいる。大胆で粘り強い三つの群れは障壁を乗り越える方法を求めて、七〇〇回も試行を繰り返した。五〇〇回試した群れもあれば、三〇〇回の群れもいた。五〇回しか試さなかった群れもあった。最も内気な群れは一回も試さなかった。[6]オオカミの群れは捕食者の攻撃性、被食者ならではの内気さ、それにダロウの腰の低いコヨーテのような粘り強い最適化行動型と、異なる文化に分かれたわけだ。

パトリック・ダロウのコヨーテとネイト・ランスのオオカミはどちらも環境にうまく適応した野生の捕食者集団で、肉食動物が身を守ることと腹を満たすことのバランスをどうとっているか、ふたつの例を提供してくれた。腹を満たすことと身を守ることとの相関関係を調べることは、単に学術的な遊びではなく、実利をもたらす応用研究としての妥当性をもっている。人間の資産を守るために捕食者を怖がらせる装置をつくるとき、動物にも多様性があることが科学者を挫折させる原因になった。しかし、その多様性こそが知識のもとであり、野生動物を管理するために動物の個性を理解することがどれだけ大切かの証ともなる。

いまの時代に動物を観察できるパトリック・マイヤーズのような大学院生は幸運だ。[7]私をはじめ昔の科学者と違って、原理主義者への抵抗という重荷を抱えていないからだ。実際、マイヤーズと話していると、かつては受け入れられていなかった説に依拠しているのがわかる。たとえば「私たちはみんな、ペットに個性があるのを知っている。なぜなら、ペットと一緒に過ごしているからだ。野生動物とも同じぐらいの時間を過ごせば、彼らにも個性があることに気づくだろう」とか、「動物の個体それぞれが唯一無二であると考えることが擬人化だとは思わない」といった考え方である。いまや私が大学院にいた頃とは様変わりしている。

大学院生のマイヤーズは、シマハイイロギツネやカリフォルニアコンドルなど稀少種の回復を専門に、米国国立公園局で働いていた。捕獲されたものと野生のものを両方扱っていたので、個体を間近に観察できた。たとえば彼は、若いカリフォルニアコンドルが「メンター」鳥とつがいになれるよう手助けしたことがある。「メンター」鳥は未熟なコンドルに、死骸の見分け方など生きていくために必要な技術を教える成鳥だ。マイヤーズの観察によると、コンドルは一羽一羽違っていた。優柔不断なものもいれば、大胆なものも、内気なものもいる。マイヤーズはどんな行動をとるかでコンドルを見分けることができた。腐肉を常食とするコンドルは決して人気のある種ではないが、マイヤーズには何羽かお気に入りの鳥がいた。

シマハイイロギツネも多種多様だった。マイヤーズによると、同じ状況でも個体によって反応の仕方がはなはだしく違うという。罠にかかると、「怒りでひどく不機嫌になり、こちらの手に噛みつこうとする」個体もいる。目隠しをされると、文字どおりマイヤーズの膝に抱かれて、調べているあいだは眠っているものもいる。若い科学者のこの初期の経験が、その後の動物の個体差研究の土台となった。現在、マイヤーズはユタ州立大学の大学院生としてクロクマのリハビリを行い、野生に戻す方法を研究している。野生に戻すことには危険が伴う。これまで論じてきたほかの捕食動物と同様、クロクマが人を殺すこともあるからだ。

二〇一一年に、ユタ州ローガンにあるマイヤーズの家から車で数時間の場所で、クロクマが一一歳の子供をテントから引きずり出す事件が起きた。[8] 二〇一三年八月一五日には、二〇歳の女性がミシガン州キャデラックの自宅近くでクマに襲われた。その週には米国全土で計六件の襲撃が立て続けに報告された。[9] クロクマは手強く、北アメリカ東部で確認された最も大きい個体は体重三七〇キログラムにも達するが、普通はオスで一五〇キロ、メスで一〇〇キロ程度だ。小柄なクマでも、人間の最も大柄なレスラーを張り倒せるぐらいの強さがある。もっとも、子づれの母グマは、クマに出会った不運な人間を襲うよりは、木の上に登るよう子グマに指示することが多い。スティーヴン・ヘレロは著書『ベア・アタックス――クマはなぜ人を襲うか』〔嶋田みどり・大山卓悠訳／北海道大学図書刊行会／二〇〇〇年〕で、五〇〇件のクマによる襲撃を取り上げている。[10] これほど力の強い動物であるのに、彼らが原因になった傷害事件の九〇パーセントで死者が出ていないのは意外と言うしかない。クロクマは米国全土に分布しているが、人を襲う頻度は低い。一九〇〇年から八〇年までに記録された死者は二三人。機会はもっとあったはずなのに、それを利用していない。要するに、攻撃的な個性をもつクマはほんのわずかしかいないのだ。

観察でわかったクロクマの行動の多様性にもとづいて、マイヤーズはこう結論する。「人間も動物で個性をもっているのなら、ほかの動物も人間と同じ動物なのだから、よく似た精神的苦痛や情動をもつと考えるのが理にかなっている。ほかの動物が個性や感情をもたないという主張には論理の飛躍がある」。クマなどの動物と人間の類似性を否定するのは、私たち人間の動物としての役割を貶めることにほかならない。[11]

人間が自分たちをほかの動物と別扱いしようとするのは、認知的不協和［個人のもつふたつの情報のあいだに不一致が生じること］のためではないかと、マイヤーズは考える。彼は生物学者だが哲学者でもあり、自分の研究と世界観から派生する問題を決してなおざりにしない。人間がほかの動物と自分たちを区別するのは、そうすれば自分たちの行動に対する説明責任を回避できるからだとマイヤーズは考察を進める。彼は自分のシニカルな考察を皮肉な笑みを浮かべて語りながらも、ほかの生物種の存在を軽視すれば、人間は利己的な行動をしがちになるし、その行動を正当化するのが容易になると言い切った。そういうことが起きるのは人間の驕りのせいである場合もあるが、「意図して軽視する」人もいるという。マイヤーズの研究の意義は、知識を提供している点にある。「人は多くの情報を得れば得るだけ、社会が押しつけてくる目隠しをかいくぐり、動物を尊重する力を身につけることができる」からだ。

他人や動物についてもっと知ることができれば、彼らに対する見方や扱い方も変わるだろう、とマイヤーズは推測する。私は、そこに生じるモラルの問題について質問した。「だとしたら、相手が知っているシカであるときと、知らないシカであるときでは、道義的責任に違いが出てくるのだろうか?」。それに対して彼は、「人によって違う」と答えた。私たちはみな別々の人間なのだから、同じ情報を与えられても、違う結論に達する。個性があるために、客観性さえ主観的なものなのだ。

私は、大学院生と研究を行うのがどれほど楽しかったか、いまでもよく覚えている。マイヤーズの楽観主義的な研究は、皮肉にも不幸な出来事から生まれたものだった。規則を破った猟師がメスのクマを殺して子グマを孤児にしてしまうことがある。もっと多いのは、交通事故で母親グマが死に、道路の脇に泣き叫ぶ子グマを残すケースだ。こうした状況を見て、ユタ州は子グマのリハビリを行う処置をとった。子グマは施設に移され、幼いうちは哺乳瓶のミルクで育てられ、少しずつ自然食に切り替えていく。これがマイヤーズの研究テーマの源泉となった。彼は、孤児になったクマの個体にどれだけ違いがあるかを詳細に調べた。野生に戻されたあと、どんな個性の持ち主がうまく生きていけるかを割り出そうとしたのだ。

客観性を保つために、マイヤーズはわかりやすい手法をとった。F1401、F1402、M1403、M1404、M1405、M1406と、研究対象の動物に数字を割り振ったのだ。ところが、クマの面倒をみるスタッフの反対にあって、もっとわかりやすいものに変えなければならなくなった。スタッフは数字だけで識別することを認めなかったのだ。そこで名前を付けなければならなくなり、マイヤーズは照れながら、ルビー、D、シスコ、ソニー、レッドベリー、ジョー・ヒルなどと名付けた。ジョー・ヒルは労働者の権利のために闘ったユタ州の有名な活動家である。シスコとソニーとレッドベリーは、ボブ・ディランの「ウディに捧げる歌」の歌詞から借用したものだった。

マイヤーズはクマたちの気質の特徴を説明するのに、特性五因子分類など既存の行動カテゴリーを機械的に当てはめるのを良しとしなかった。クマが考えるように考え、観察対象の動物に合わせて観察することを望んだ。そこで彼は、まずじっと注視した。捕獲の際、リハビリ中、解放後のそれぞれの場面でクマにふさわしいカテゴリーを設定するために情報を集めた。彼は目新しいものに対する反応を調べるテストを考案し、馴染みのない音でクマを驚かせ、目新しい対象にどれぐらい近づこうとするかを調べた。内気なクマや神経質なクマは目新しい対象には近づこうとせず、ケージの壁沿いをそっと歩いて遠くから対象をうかがった。マイヤーズは二頭のアライグマが争う音を流して、クマが飛び上がって驚くようすを観察した。「彼らはみなトレーラーで運ばれてきたので、(車のクラクションやエンジン音など)人間がつくりだす騒音には慣れている」ので、二頭のアライグマのうなり声が、最もあたりさわりのない新鮮な音だったのだ。

マイヤーズの調査でわかったのは、個々のクマが違う反応の仕方をするのは言うまでもないが、なかでもジョー・ヒルという名のクマが際立っていたことだ。ユタ州モアブの街で餌を探しているときに捕まってリハビリ用のケージに入れられたクマだった。ジョーは初めから明らかにほかのクマとは違っていた。特に目を引くのは、ほかのクマとはまったく違う時間帯に眠っていたことだった。「普通の」クマは午前中と夕方に最も活発になる。ジョーはほかのクマが最も活発になる時間帯に寝ていることが多かった。彼は目新しいものを恐れなかった。ほかのクマが警戒しているときも、ためらうことなく近づいた。それに、囲いの端に張り付いていることがなく、堂々と真ん中に出ていった。「ほかのクマはもっと神経質だった」とマイヤーズは言う。

マイヤーズはクマやほかの動物種の観察にもとづいて、個性の発達の仕方を理論化した。マイヤーズの説によれば、リハビリについては若い動物のほうが成功しやすいという。というのも、若い動物は発達過程の早い時期にいるのに対し、年をとると自分のやり方にこだわるようになるからだ。マイヤーズは、山の比喩を使ってこう説明する。

山は、何本かの尾根が少しずつ高度を上げながら収束して頂上を形づくるが、逆にふもとへ下るあいだに尾根は分岐してその数を増す。マイヤーズは、個体のなかで発達していく行動を、山頂に置かれた一滴の水にたとえた。最初は常に小さな水滴で、風がその一滴を東へ西へと吹き飛ばす。だが、頂上の軽いひと押しがまったく違う結果を生むことになる。どちらから風が吹き、水滴を山の北側に押すか、南側に押すかで方向が決まる。最初の一センチが何キロメートルもの差に広がっていく。もっとも、水滴がふもと近くへ降りてくればあらゆる方向へ同じ距離動く可能性が生じるが、ふもとでどれだけどの方向へ動こうともそれがおよぼす影響ははるかに小さくなる。この比喩を使って、マイヤーズは「行動の発達」を説明する。私たちはみな個性という基線に沿って同じ谷底へと駆け下りていくが、若い頃の経験は年をとってからの行動に大きな影響をおよぼす。マイヤーズのクマにも、この比喩的な距離は重要な意味をもつ。早いうちに悪い経路をたどると、あとで修正するにはとても長い距離が必要になる。その結果、問題のあるクマの一部は矯正不可能になる。

高次捕食者であるクマやオオカミは、食物網の上から下へ向かって捕食するが、それぞれの連鎖が生態系全体を通じて他に影響をおよぼすことがある。高次捕食者から植物までの生物種の発生量と構成の相互作用を生態学者は「栄養カスケード」と呼び、科学ライターもよくこの言葉を用いる。[12]栄養カスケードは、草食動物が当該地域に与える影響によって状況を一変させる。[13]また、餌を探すことと捕食者を避けることを両立させるシカやエルクなどの行動の多様性によって、生態系が再活性化することもある。

二〇世紀に入ってまもなく、オレゴン州立大学のビル・リップルはのちに、最も広く知られることになる大胆な栄養カスケード説を発表した。彼が主張したのは、イエローストーン国立公園ではオオカミの存在が植物環境の劇的な変化を招いたというものだった。[14] イエローストーンでは二〇世紀の初めにオオカミが姿を消し、その後エルクの生息数が大幅に増加した。捕食者に脅かされることのないエルクはこのチャンスを利用して、生態系が傷つく前は捕食者がいて身の危険があった場所まで餌を探しに出かけた。オオカミの脅威がなかったから、エルクは誰はばかることなく牧草地に踏み込み、その結果（彼らの「被食者」である）植物が損害を受けることになった。アスペンとハコヤナギの芽は食べ尽くされ、イエローストーンの北半分がその猛攻撃に苦しんだ。

オオカミが戻ってきて数が増えると、たちまち大胆なエルクを淘汰した。隠れ場所を出てオオカミの生息地を闊歩していた大胆なエルクが死に絶えたことで、オオカミのテリトリーに囲まれた水辺では、アスペンが以前より健やかに丈高く育っていると言われる。用心深いエルクは生き延びたが、彼らは開けた場所を避け、未成熟のアスペンには手を出さない。恐れが慎重な行動の原動力となり、ひいては被食者の生物種を生き延びさせたわけである。[15] 捕食者が総じて用心深さと攻撃性のバランスをとるのと同様、被食者もまた臆病さと積極性の両方の性格特性を示し、その「個々の行動」が種全体を超えて大きな生態学的影響をもたらすのだ。

一九九〇年代までは、カナダのアルバータ州バンフでエルクの姿は稀にしか見られなかったが、いまや新しい「都会人」タイプのエルクが郊外に侵入してきている。[16] 最近では交通の障害になるなど、何かと人間を脅かす存在として知られるようになった。
アルバータ大学の大学院生ロバート・ファウンドは博士課程の研究テーマにエルクにとり上げ、エルクの餌場のあちこちに拾ってきた自転車の部品を置いておく実験を行った。エルクが見たことのないものを置き、各個体によって接近方法がどう違うかをカメラでモニターして測定した。おもしろいのはそのついでに、エルクの大脳の「側性」、簡単に言えば利き足を調査していることだ。そう、ほかの研究者がカンガルーやチンパンジーなど多くの動物に対して行ったように、ファウンドはエルクの各個体が冬の深雪にどちらの足を先に踏み出すかを計測したのである。[17]
予想したとおり、内気だが大胆なエルクがいた。目新しいものにも平気で近づくし、ファウンドがそばに来ても気にかけない。それとは対照的に、新奇なものと捕食者の可能性があるものを恐れる、臆病で用心深いエルクもいた。ファウンドは、大胆なエルクであっても、脅したり嫌がらせを続けたりすれば慎重さを増すことを発見した。ただしその試みの欠点は、働きかけをやめればすぐにもとの大胆さが戻ってしまうことだった。学習はできても、大胆さは生まれつきのもので、ドキッとさせる刺激がなくなるとたちまち怖さを忘れてしまうらしい。
一見無関係にも思えるが、ファウンドはエルクの利き足と個性が関係していることも見つけ出した。エルクには二種類いる。利き足をもたない両利きのエルクと、明らかに利き足のあるエルクである。利き足があることが、エルクの目的意識や個性の強さと関連があるように見えた。人間にも、あれかこれかと迷って決断のできない者もいれば、あらゆる場面でただひとつの明確な考え方や欲求を貫く者もいるように、利き足をもつエルクは何事も自分のやり方に固執する。刺激に対する反応は常に同じで、脅威に耐えられる範囲も一定で予想可能だ。それに対して、利き足をもたないエルクはもっと気まぐれだ。逃げるか留まるかだけでなく、どちらの脚を先に出すべきかも決められないように、彼らの反応は予測しにくい。利き足は、こうした脈絡のなかで定義するのは難しいし、大胆さや内気さのような性格特性の表現ではない。それでも、「軽はずみで移り気な伴侶と違って、あの人は冷静で堅実だ」といった信頼できる性格描写と同質のものであるように思える。

ソルトレイクシティで動物行動のコンサルティングとトレーニングを行っている「ペッツ・デコーディッド」の創立者リン・ギルバート＝ノートンに言わせると、イヌの性格はそれこそ多種多様で、特定のタイプの性格が最も多く問題を起こすという。[18] イヌは個体ごとに、捕食者から被食者へと連なる個性の連続体上に位置づけられる。とはいえ皮肉なことに、自分が食物連鎖の頂点にいるかのように堂々と振る舞う自信たっぷりなイヌについては、ギルバート＝ノートンはあまり心配していない。「私が知っている問題の八〇パーセントは神経質で内気なイヌが引き起こしたものだった」と彼女は語る。誰かのおやつになることへの恐怖に耐えられないイヌたちのことだ。彼らはどうしてそんな性格になってしまうのだろう？

神経質な個体のなかには、若い頃、十分に社会生活に順応できなかったものもいる。行動様式を身につけていくあいだに、子犬は自分とは違う人間の振る舞いにどう対処すべきかを学び損ねることがある。また、感情の発達過程には特に影響を受けやすい時期がある。生後一年のイヌを怖がらせると、死ぬまでずっと臆病になると言われる。あるいは、怯えた行動はそのイヌの生まれつきの性格から生じたものかもしれない。「最悪の状況で育てられたのに、うまく育つイヌもいる」とギルバート＝ノートンは言うが、逆もまた起こりうる。仲の良いカップルが愛情を注いで思いやり深く育てても、ペットが世界に対して強い恐怖を募らせていくこともあるのだ。

何がイヌに影響をおよぼすのか、特にイヌが難しい気質を抱えているときは、それが何に由来するのかを理解するのは間違いなく有益である。もっとも、ギルバート＝ノートンのような動物行動コンサルタントには、生まれか育ちかの議論はあまり意味がない。重要なのは、現在の状態の動物をどう扱うかだ。怖がりで内気なイヌは、イヌの言葉を少しでも話せるしかるべき人物のもとに置くのがいい。ギルバート＝ノートンは、種を超えたコミュニケーションが鍵になると言う。ヒトもイヌも、互いの話に耳を傾け、学びあうことが必要だ。飼い主がイヌの出自を知らず、イヌがどんな欲求をもっているのか突き止めようとしなければ、イヌから見て、関係は破滅的なものになるだろう。

例外はあるものの、見た目を重視される犬種の多くは、捕食者としての本能を優先する傾向がある。喧嘩っ早い品種もいて、たとえば小型のテリアは怖いもの知らずで、バイクが通りかかるたびに追いかけて、吠えたりうなったりする。なぜ、誰かのおやつにされてしまいそうな子犬が、それほど獰猛になれるのだろう？　その一方で、ギルバート＝ノートンが特に時間をかけて接しているイヌたちがいる。『留守の家から犬が降ってきた――心の病にかかった動物たちが教えてくれたこと』［飯嶋貴子訳／青土社／二〇一九年］の著者ローレル・ブライトマンは、愛犬オリバーの痛ましいエピソードを紹介している。たくましいバーニーズ・マウンテンドッグのオリバーは、おいてきぼりにされると四階の窓から飛び降りてしまうほど神経質だった。オリバーの心はその頑丈な体に似合わず、恐怖に負けて逆上してしまうのだ[19]。

イヌは私たちに身近な動物だ。表裏の関係にあるエピソードにも事欠かない。屈強なイヌが自分の影に怯えることもあれば、小さなパグがその体格にはまったくそぐわない勇敢さを示すこともある。とはいえ科学は、人間の保護のもとで個性がどう表面に現れるかだけでなく、野生動物が自然のシステムのなかでチャンスと危険のバランスをどうとっているかも探求する。自然選択の観点から言えば、生産性のない個性は無意味に思える。そこで、研究者は各世代の生息数を調べて、捕食者と被食者がどのような割合を占めているかを調べようとする。そのために、彼らは調査の対象を愛らしいイヌではなく、捕食者らしい獰猛さと寿命の短さで知られる種に変更した。

そうなってもおかしくないのに、動物の個性の研究がなかなか主流にならないのは、ぱっとしない動物を使った実験が多いせいでもある。オオカミやクマやイヌといった哺乳類の捕食者は、いわば動物のカリスマ的存在であり、研究対象になることも多く、人気のあるテーマだ。だが、こうした動物を使ってできる実験は限られている。寿命が長く個体数の少ない捕食動物を、進化論と自然選択の観点から研究するのは容易ではない。研究者は大きな疑問の答えを得るために、ときには小さな題材を扱う必要もある。そこで、ここではきわめて貪欲な生き物であるクモの話に戻り、捕食者と被食者の相関関係と、その二面性が個体のなかでどう発達していくかを見てみよう。

ハシリグモ（*Dolomedes triton*）は、蒲《がま》の茂る水辺を徘徊しながら獲物が現れるのを待つ。その姿は、さながら八本足のピューマである。ピューマと違うのは、獲物を狙うハシリグモの背後には、自分を狙う鳥やコウモリや魚がいることだ。しかし、ハシリグモにはすばらしい能力がある。クモ特有の鋭敏な感覚で空気や水の振動を察知すると水に潜り、水生植物や岩の裏にしがみついて身を隠すのだ。小さな気泡で体が覆われているので、三〇分、長いときには九〇分ほど潜っていても、濡れることなく陸に戻ってこられる。

動物の個性研究の権威として知られるチャドウィック・ジョンソンとアンドリュー・シーは、クモの幼体を六〇匹集め、プラスチック製の水槽で飼育した。[20] クモが潜ったり隠れたりできるように、容器に水を張り、発泡スチロールの塊を浮かべた。成体になるまでのおよそ半年間、ジョンソンとシーはクモの成長を見守った。一見簡単な実験のようだが、クモの成長は非常に早いので、水槽のなかでさまざまなことが起きる。ジョンソンとシーは、脅威を察知したクモが逃げずに踏みとどまる場合と、水に飛び込んで隠れる場合の両方を観察し、クモの大胆さを調査した。「脅威」を演出するために使ったのは鉛筆で、こっそりクモの背後に近づいてつついたのだ。科学は実におもしろい。地味な実験が驚くような発見をもたらすのだから。

水中に隠れたクモには悩みの種がひとつある。隠れているうちは食べられる心配はないが、餌をとることもできない。進化論的に言えば、臆病さは美点であり（身を隠したクモは捕食されないクモ）、同時に欠点でもある（身を隠したクモは飢え死にするクモ）。では生物は、自分の欲求を満たし、自分に害をなす生物の欲求を満たさせないために、どんな「選択」をしているのだろうか。クモの個性を調査するために、ジョンソンとシーは、怖がって隠れているクモの上にコオロギを放り込んだ。クモは水のなかにいても餌の存在に気がつくという。つまり、水面に上がってきて餌に飛びつくまでの時間を計測すれば、その個体がどれだけ勇敢かを判断できる。賢明にもふたりは、まず幼体のクモを使い、その個体が成体になるまで実験を続けたので、それぞれの個性が時間とともにどう変化していくのかも調べることができた。

ジョンソンとシーは、もうひとつの基本的な欲求である性欲にも着目した。生物が何かを食べるのは、少なくとも進化論の観点から言えば、少しでも長く生き延び、交配を行うためである。ふたりの実験は、水槽の奥に隠れたクモに餌をちらつかせるだけで終わりではなかった。隠れているメスの上に、大柄なオスの個体を放り込んだのである。ハシリグモのオスは、メスが残したフェロモンを嗅ぎつけ、近くに成体のメスがいるのを察知する。メスがいるとわかると、オスは前脚で水面を叩いて波を立て、求愛活動を始める。メスが交尾にどこまで積極的かは、オスの前に姿を現すまでの時間で測定できる。この実験におけるクモの行動の意味するところは、水槽で演じられるメロドラマに要約されている。なぜなら、求愛の相手を見つけるためにある程度の危険を冒さない限り、交尾に必要な時間を確保できないからだ。

実験によって、クモが個体によってさまざまであることと、同じ個体でも近くに餌か配偶者候補がいるかどうかで反応が変わることがわかった。餌のために安全を二の次にする傾向のあるメスは、オスのためにも安全を犠牲にする大胆さを見せた。一般的にメスは、学校のダンスパーティに参加した少女と同じく、オスに近づくときより、餌をとりにいくときのほうが慎重さを忘れるようだが、ふたりの研究者はその意味までは調査していない。それでも、ルリツグミやバーニーズ・マウンテンドッグの問題児と同様、メスに度胸があるのは体の大きさのためではなく、生まれつき勇敢だからだ。わずか半年で一生を終えるハシリグモは、これまで見てきた「もっと高等な生物」たちに劣らず、個体が生涯変わらぬ個性を保持することを示してくれる。若い頃に勇敢だったクモ、鉛筆でつつかれても逃げずにいるか、ほんの短いあいだしか身を隠さなかったクモは、成長してもなお大胆であり続ける。目を向けさえすれば、本能的欲求のバランスをとりながら生きていく動物の明らかな個性をいつでも見つけ出すことができるのだ。

オーストラリアの海辺にいる平凡なカニ、シオマネキ（*Uca mjoebergi*）でさえ個体ごとに特徴をもっている。オスのシオマネキには大きなハサミがあるので、オスとメスを区別するのはごくたやすい。オスはそのハサミを愛と戦争、つまりメスに対する求愛行動とほかのオスとの闘いに用いる。シオマネキを個体ごとに追跡して観察するのも難しいことではない。各個体が砂浜に穴を掘って、避難所にしているからだ。穴に守られていなければ、この小さなカニは鳥の餌になるか、灼熱の太陽に焼かれてしまう。

私自身は体験したことがないが、ときに野生動物学はテレビの自然番組で見られるような華やかな一面を見せることがある。リーアン・リーニーとパトリシア・バックウェルは、ビーチにすわったまま最先端の科学を追求する方法を見つけ出した。具体的に言えば、ふたりの研究者は浜辺にいるシオマネキを観察し、それぞれの個体が冷酷な捕食者として――あるいは臆病な被食者として――独自の反応を示すかどうかを調べようとしたのだ。[21]

リーニーとバックウェルは、カニを怖がらせるために平坦な砂浜に糸を張り、滑車を使って人工の鳥を飛ばした。鳥が襲ってきたと錯覚した小さなカニたちは、身を守るために一斉に自分の穴に逃げ込んでいく。しかしその後、ふたたび地上に出てくるまでの時間は個体によってさまざまだった。勇敢なカニはすぐに穴から出てきた。隠れていた時間は二五秒足らずだ。ところがそれ以外の海の腰抜けたち《チキン》は、四分半以上、穴に隠れたままだった。

これまで科学者が調べてきた数多くの生物と同様、シオマネキにも積極的な個体と内気な個体がいるのが識別できた。餌にされる恐怖に縛られるものがいる一方で、攻撃的なものもいる。勇敢さと個体の大きさに相関関係はないので、これは生理学的特徴ではなく、行動特性と言えるだろう。さらに言えば、個性は時間を経ても変わらないものである。実験を繰り返すと、すぐに穴から出てきた個体は常に穴を飛び出してきたし、なかなか出てこなかった個体は毎度穴に長時間とどまった。勇敢なカニは仲間に対しても攻撃的で、頻繁に闘いを挑んだ。そういう暴れん坊は、ほかのカニを追い出して穴を自分のものにすることも多い。逆に穴を追い出された臆病なカニは、闘いを挑んで穴を奪おうとすることはせず、別の場所で空いている穴を探す。

シオマネキの攻撃性とハサミの大きさは、生殖活動とどんな相関関係があるのだろう。メスのカニにすれば、オス選びはウィンドウショッピングのようなものである。つがいになる時期が来ると、メスは穴を出て、砂浜にいるオスの群れのあいだを移動する。オスはメスを自分の愛の巣に誘うために、大きなハサミを勢いよく振りまわしてアピールする。メスがパートナーを選ぶと、幸運なオスはメスと一緒に穴のなかに閉じこもる。メスの産卵が終わるまで、二匹はそこにとどまることになる。

果たして、メスのカニがオスに求めるものは何なのだろう？　カニの文化を理解するために、研究者はオスの能力の調査に乗り出した。メスの気を引こうとするオスをビデオで撮影し、ハサミを振る速さを計測したのである。

その結果は実に興味深く、動物の行動と個性を評価する意味を再確認できるものだった。だが同時に、そのふたつの要素が必ずしも一体ではないことも示していた。ふたりの研究者は、前もってオスのカニの性格を捕食型と被食型のふたつのタイプに分類していた。もしそうしていなければ、カニの求愛儀式の本質的な要素を見逃していただろう。それまでのように、ハサミのサイズや振る速さといった形態学と行動学にもとづく特徴だけ見ていたら、メスがオスを選ぶ基準を特定するのは難しかったはずだ。勇敢なカニも臆病なカニも、ハサミを振る速さはほとんど同じで、ハサミのサイズもさまざまだった。リーニーとバックウェルは、メスのカニはオスのハサミの大きさや振り方には目を向けていないと結論した。どんなオスも等しくメスに近づく手段をもっているが、メスが求婚者を選ぶ条件にははっきりした違いが見られた。つまり、メスの八九パーセントが勇敢なオスをパートナーに選んだのである。メスが求めたのは、求愛のダンスやハサミのサイズといった生理学的条件ではなかった。メスを惹きつけたのはオスの個性だった。私たちはいつもはっきりした結果を求めがちだ。個体のサイズや、動物が見せる特定の行動といった、目に見えて数値化できるものを期待してしまう。だが、捕食の脅威に身をさらす生物については、測定するのが難しいもの、すなわち個性が、長い目で見れば何より重要な指標になりうるのだ。

ここまで本書では動物の個性という魅力的なテーマを広範囲に概観してきたが、それでもその一端に触れただけであるのを認めなければならない。ほかにもこのテーマを「忌まわしいもの」から科学の主流に押し上げた第一級の綿密な学術論文がいくつも存在し、[22]そのすべてが代表例としてひとつの種を取り上げている。「偉大なる小鳥《グレート・ティット》」ヨーロッパ・シジュウカラ（*Parus major*）である。この旧世界の小さな鳥は、胸部がオリーブ色である点を除けば、北米に生息するアメリカコガラによく似ている。北米ではほとんど馴染みのない鳥だが、動物の個性という観点からこの鳥に言及した文献の数は、この種そのものについて書かれたものよりはるかに多い。

ヨーロッパの大学教授にすれば、長い距離を移動しないシジュウカラは身近で扱いやすい鳥である。たとえばジョン・クインは、オックスフォード大学の鳥類学研究グループに属していた頃、キャンパスから六キロメートルと離れていないワイサム・グレート・ウッドまで出向けばシジュウカラを見つけられた。[23]そう、このありふれた小鳥こそ、種のなかで個性が果たす役割の重要性を理解するうえで、きわめて貴重な存在なのだ。

クインと同僚の研究者は、シジュウカラが餌をとらずに飢え死にするリスクと、餌探しのあいだに自分が餌になるリスクをどのように天秤にかけているかに興味を抱いた。シジュウカラは、秋から冬にかけては木の実や果実を食べるが、春と夏はさまざまな昆虫を狩る捕食者になる。クインらは森のなかに条件の違う餌場を何箇所かつくった。餌をたっぷり置いたところと、最低限の餌しかないところ。木々に覆われた餌場と、開けた場所にある餌場。それらを組みあわせて、餌は豊富だが捕食されるリスクが高い場所と、餌は少ないが捕食の危険も少ない場所を用意した。前者にはまるごとの木の実が、後者には木の実の屑が置かれた。開けた場所の餌場では、シジュウカラは天敵のハイタカ（*Accipiter nisus*）から身を守るすべがない。生まれながらの捕食者であるハイタカの能力を考えると、開けた餌場はシジュウカラにはきわめて危険な場所になる。上空からの襲撃に熟練した猛禽類は獲物を待ち伏せ、時速九〇キロの速度で一気に飛びかかってくる。

　どの個体がどの餌場に行ったか、また、シジュウカラが捕食のリスクと豊富な餌への欲求をどう天秤にかけたかを調べるにあたり、クインとその同僚は巧妙な方法を用いた。シジュウカラの行動を分析するために、捕獲した個体に受動集積応答（ＰＩＴ）タグを取り付けたのだ。米粒ほどの大きさのＰＩＴタグは、獣医がイヌの首に埋め込む小型の装置と同じで、特殊な電子読み取り装置を使って個体を識別できる。ＰＩＴ読み取り装置とデータ記録機を餌場に設置することで、どの個体がどの餌場を訪れたかを自動的に記録できるようになった。

　鳥の勇敢さ——もっと具体的に言えば、未知の環境をどれだけ積極的に探検できるか——を分析する目的で、研究者たちは鳥を部屋のなかに放して、止まり木を試したり、目新しい環境を調べたりするために鳥が飛び立ち、飛行した回数を記録した。この実験では、積極的に動きまわり、目新しい環境をすばやく理解するものを勇敢な鳥、馴染みのない環境のなかをぶらつくだけで、リスクをとろうとしないものを臆病な鳥と呼んで区別した。

　実験結果はおおむね明快で一貫性があった。集団で活動するシジュウカラは、豊かな餌場にはあまり近寄らなかった。特に、ハイタカが徘徊する午後の時間はその傾向が顕著だった。集団としてのシジュウカラは、効率的に餌をとることよりも捕食される危険を減らすことを重視した。通常、動物を分類する際のやり方に従って性別や年齢別に分類しても、餌とリスクのバランスのとり方にほとんど差はなかった。

ところが個体ごとに調べると、勇敢さの程度に違いがあった。シジュウカラもまた、性格型がはっきり表れる種のひとつだった。勇敢なシジュウカラは、朝と日中の良質の餌を最優先する傾向があった。臆病な個体は、餌食にされるより空腹でいるほうを選んだ。

クモも鳥も同じなら、食欲と危険を天秤にかける動物の性癖はどこまで広く共通しているのだろう？

本書にも頻繁に登場する研究者、アンドリュー・シーは動物の個性研究の偉大な父だ。彼のこれまでの研究は、この分野を深く掘り下げただけでなく、研究対象の幅を広げることにもなった。シーはクモのほかにも、一見単純に見える生物に焦点をあてて研究を行ってきた。代表的なのが、サンフィッシュ（*Lepomis cyanellus*）である。当時の私は、魚に感情があるという説に懐疑的だった。ましてや魚に個性があるなどとは思ってもいなかった。ところがシーは、キャリアの大部分を魚の行動の研究にあて、さらには餌であるサンショウウオの幼生（*Ambystoma barbouri*）の調査にも多くの時間を割いた。[24]

さまざまな挑戦を経てシーがたどり着いた結論は、単刀直入で明快だった。「大事なのは、食べられないことだ」。シーの言葉は、危険を避けることを第一に考える「臆病者」の側に立ったものだ。

だがおもしろいことに、シー自身の研究によってこの行動原則が絶対ではないことが証明された。行動主義者の定説《ドグマ》の足枷から解放されたシーは、研究の早い段階で、奇妙な行動をとるサンショウウオが存在することに気づく。一見すると無意味に思える行動だ。何匹かのサンショウウオが、仲間の多くが暗くて安全な場所を動こうとしないのに対して、飼育用水槽の未知の場所を探索していたのである。それで、幼生期のサンショウウオにも性格の違いがあるのが明らかになった。[25]

シーと同僚の研究者たちは、さらに徹底した研究を行うために、川辺にすむサンショウウオの幼生を観察し、天敵のグリーンサンフィッシュとの関係性を調査した。[26] サンショウウオとグリーンサンフィッシュが生息するのはアメリカ南東部の小さな川だが、川と言っても一本のつながった細い流れではなく、淵や早瀬が散在する水路である。サンフィッシュは広食性《こうしょくせい》の捕食者で、虫やオタマジャクシ、小魚を食べる。一方、おもに淵に生息するサンショウウオは魚の餌にもなるが、同時に捕食者でもあり、水底に棲む虫や動物プランクトンを食する。この先の話を理解するヒントとなるのは、川は淵が連なってつながっていて、魚がいる淵もあればいない淵もある点だ。

当時ケンタッキー大学で働いていたシーは、サンショウウオの幼生を捕まえるために、レキシントンから二五キロ先にあるレイヴンラン・クリークを訪れた。個々の個体の反応を調べるために、対象の個体に捕食者の存在を察知させて、どんな反応をするか観察しようとしたが、サンショウウオの幼生が本当に食べられてしまう事態は避けたかった。そのために、シーと同僚は最初にサンフィッシュを水槽にしばらく入れておいて、「捕食者の香り《オー・デ・サンフイッシュ》」のする水をつくり、サンショウウオの勇敢さの測定に用いた。研究者たちは論文のなかでこう述べている。「私たちは、各個体から十分なデータを集めるために、自由に泳ぎまわる本物の魚の代わりに化学的な刺激を用いた（本物の魚を使って実験を行えば、十分なデータが集まる前にサンショウウオの幼生のほとんどが食べられてしまうからだ）」[27]。科学者も剽軽になれるのだ。

シーは過去の研究で、暗くて安全な場所に隠れるのは理にかなっていると結論していた。近くを捕食者が泳いでいる気配がするのであればなおさらだ。だから、実験に使ったサンショウウオが何匹か、進んで危険に身をさらしたのを見て、シーはとまどった。自然界であれば、水中で不用意に姿を見せたサンショウウオはほぼ例外なく捕食される。つまりこの結果は、シーの基本的な解釈（「大事なのは、食べられないことだ」）に反するものだった。もっと言えば、自然選択という考えにも反している。子孫を残せずに死ぬかもしれないのに、どうしてそんな特性をもち続けたのだろう？

シーの研究には注目すべき点が数多くあるが、この独特の実験には、サンショウウオのなかに敵のにおいがするか否かに関係なく、いつも必ず水槽の無防備な場所に飛び出してくる個体がいることが実証された。こうした個体は、餌を探すことを第一に考える「捕食者タイプ」と言える。それ以外の個体は、サンフィッシュのにおいがしようがしまいが安全な場所にとどまった。こちらは餌にされるのを何より恐れていた。

ほとんどの個体は食べられてしまうのに、なぜ勇敢なサンショウウオが存在するのか。その理由を理解するためには、サンショウウオの生息する川や淵が変化に富んでいることに着目する必要がある。魚は川全体に均等にいるわけではないから、サンショウウオが産み落とされるのは、大量の魚のいる淵か、一匹も魚のいない淵のどちらかである。サンショウウオの幼生はそれぞれ生きる道を選ぶことで、賭けを行っているわけだ。魚がたくさんいる開けた場所へ出ていった幼生は食べられてしまうだろう。だが、日のよくあたる開けた場所は豊富な食べ物を生み出す。魚さえいなければ、サンショウウオは餌をたらふく食べられ、成長も早い。調査の結果、勇敢なサンショウウオほど、その行動選択のおかげで早く成長し、体も大きくなるのがわかった。さらにシーによれば、内気な仲間が無気力にじっと動かずにいるのを尻目に、そうした個体は敵に見つからずに淵から無事に逃げられる可能性の高い夜間に活動する傾向があるという。もうひとつ言えば、勇敢なサンショウウオは捕食者の餌になりやすいとはいえ、成長の早さのおかげで別の恩恵も得られる。もし棲んでいる淵が干上がったら、成長前のサンショウウオはすべて死んでしまう。臆病な個体がその犠牲になり、十分に成長したサンショウウオだけが生き残れる。

環境は多種多様だから、一部の個体がある環境から利益を得ていたとしても、別の生態学的条件では別の個体が得をする場合もある。もしあなたが、魚のいない淵にいる勇敢なサンショウウオであれば、用心深い同類を打ち負かすのは間違いない。逆に、もし魚がたくさんいる淵にいる勇敢なサンショウウオだったら、いずれ自然選択の仕掛けた賭けに負けることになるはずだ。生物学の土台となる進化論の観点から見れば、動物の多様性は生態系をモデル化する科学者の仕事を難しくする邪魔ものなどではない。それどころか、個体の多様性は地球上の生命を繁栄に導く推進力である。個体の差異がなければ、進化は存在しないのだ。

第5章　群れか単独か

ウマ科《イークアイン》と相乗効果《シナジー》を組みあわせた社名をもつ「イクアシン」では、人が自分の感情とうまく折りあえるように、ウマの助けを借りた心理療法が行われている。オーナーはエリザベス・リヴァーマンという女性だ。[1]「ライフ・コーチングと似た手法に、ウマを使った心理療法を組みあわせたものです」。私はバージニア州グーチランドにあるリヴァーマンの牧場へ行って、乗馬場のわきにあるピクニックテーブルで話を聞いた。彼女はチャクラや心の奥深くにある力の働きについても語ったが、私の興味を一番惹いたのは、ウマを使って人を自分の感情と向きあわせるその方法だった。もっとくわしく言うと、ひとりの人間を特定のウマとマッチさせる、そのやり方だ。

「心の奥深くにある感情を処理する手伝いをしています。子供の頃に性的虐待で負った心の傷のような」とリヴァーマンは言う。彼女のクライアントの大半が、「抱えて生きていくのが非常に難しい」テーマや感情に取り組んでおり、イクアシンはそうしたさまざまなトラウマの対処を手伝っている。クライアントが取り組む心の傷は、転職の際に負ったものから、心に長くわだかまっていた幼少期の出来事まで、ありとあらゆるものがある。

リヴァーマンはウマを用いるゲシュタルト療法の認定療法士で、ウマに厚い信頼を寄せている。彼女はウマをとりわけ有効な治療のツールだと考えているが、ときには先生と見なすこともある。普通の人間と普通のウマの一番大きな違いは、「ウマはいまこの時を生きていること」だという。人間は物事、特に外因性の要因に心を奪われる。目の前のことを忘れて、ほかのことを考えすぎてしまう。この牧場で休養しているポニーが日々どんな暮らし方をしているかという話を聞いていると、ダライ・ラマでさえこの牧場のウマほど悟りの境地には達していないのではないかと思えた。

リヴァーマンがウマとともに働く道を追い求めたのは自然ななりゆきだった。何年間も厩舎で働き、ショーでウマに乗り、機会があればウマと戯れた。そうして何百頭ものウマと接してきた。「たくさんウマに乗ってきたけど、本当に深く、親密に付きあえたのは、三五頭から四〇頭ぐらいね」。ウマを好きになる少女が最も多い一二歳という年齢で乗馬を始めたが、ウマにとり憑かれたのはもっとずっと幼い頃だった。家の廊下を四つん這いになって、いななきながら走っていたときのことはよく覚えている。姉にそんなことをするなと言われると、幼いエリザベスはこう答えた。「大人になったら、何でもなりたいものになれるってママが言ってたもん。あたしはウマになるの」

リヴァーマンが問題を抱える人に接するときに用いるのは、メリッサ・ピアスの唱えた「ウマに心を動かされる」という手法である。[2] これは柵のなかにヒトとウマを押し込めばすむような単純なものではない、とリヴァーマンは注意をうながす。個性が同じか、互いに補いあう組み合わせを見つけることが肝心だという。人とウマのペアが適正であれば、ウマのほうからちょうどよい頃合いに歩み寄ってくる。また、潮時が来れば離れていき、絶妙のタイミングで人をなぐさめる。どんなにガードの堅い者でも、自分に適したウマには信頼感をもつだろう。ウマがつくり出すコミュニケーションや心のふれあいの仕方によって、クライアントは自分をもっと正直に見つめることができるようになる。

ウマのコミュニケーションはとらえにくい。だが、それが人を落ち着かせ、内省へと向かわせるのだとリヴァーマンは説明する。ウマを訓練したことはないと彼女は断言する。もっと言えば、セラピーのためにウマを訓練することはできないのだという。ウマが人を気に入らなければ（ありうることだ）、この手法はうまくいかない。それに、セラピーで変わるべきなのはウマではない。望まないウマを働くように訓練するのではなく、人が耳を傾けられるようにすることが重要になる。最初の一歩は、ウマとクライアントの正しいペアをつくることだというが、私には難しいことのように思えた。私たちにはウマの心を読むことはできないし、ウマはしゃべらないからだ。リヴァーマンが言うように、ウマの気持ちはとらえにくいのだ。だが彼女は、ウマと人のペアをつくるのは簡単だと、私の考え違いを正した。誰を選ぶかウマにまかせればいいだけなのだ、と。

私がそれぞれのウマの違いや、ウマがどうやって人を選ぶのかと尋ねると、リヴァーマンは、まるでそのテーマで博士号を取ったとでも言わんばかりに、厩舎にいるウマの特徴を一頭ずつ詳細に解説した。

「ジャンはESTP型ね」。リヴァーマンは、マイヤーズ・ブリッグス・タイプ指標（MBTI）を用いて説明を始めた。私自身、動物の個性を定義しようと非常に苦労していたので、彼女が自分のウマについてあまりにも細やかに語るのを聞いて驚くと同時に、ちょっとうらやましかった。ジャンというのはハノーヴァリアン・クロスという品種（馬の業界では騎乗に適する温血種として知られる）の大きなウマだ。それが、外向、感覚、思考、知覚（ESTP）型に当てはまるというのだ。要するに、外の世界に関心がある、五感で解釈しようとする、とことん考えぬく、さまざまな選択肢に柔軟に対応する、といった個性を合わせもっているわけである。「ジャンには勤労意欲がないの」とリヴァーマンは笑って言った。ジャンは外向的だが、仕事のための仕事はしたがらない。「なぜその仕事をする必要があるのかを知りたがるのよ」

スターライトはテネシー・ウォーキング・ホース種で、「人と一緒だとすばらしい働きをしてくれるわ。INFJ型ね」。内向、直観、感情、判断（INFJ）型は、ジャンとは正反対に近い個性である。「直観的で、人のエネルギーに敏感です。NFの人とはものすごくうまくいく。STの人だと、共同作業するのが難しくなる」。STとは、ジャンと同じ感覚－思考型だ。STの人は、ウマほどにはいまこの瞬間を生きていないという。「人の心がその場にないと、スターライトはふれあおうとしない」。人が耳を傾ける必要があるのだ。

リヴァーマンは、あるクライアントのグループがセラピーを受けにきたときのことをくわしく語ってくれた。そのセラピーでは、いつもどおり最初に安全のための実演説明が行われた。「なんだかんだ言っても、彼らはウマですから」。それに、人と比べるとウマはかなり大きいのだ。それが終わるとリヴァーマンは、クライアントをスターライトと一緒にワーク用の囲いに入れ、ウマと人の両方にどういう関係を築くかを探らせた。このとき、リヴァーマンはクライアントやウマとは接触せず、囲いの外から眺めていた。するとスターライトはほかの人には目もくれず、自分を見つめているひとりの女性に注意を集中した。

「このウマは、私とふれあいたがってる気がする」とそのクライアントは言った。すると、スターライトは女性に近づき、胸に、それから腹と喉に鼻をすり寄せた。女性はわっと泣き出した。

「イヌは発作を起こしそうな人を嗅ぎわけるとか、糖尿病の人がにおいでわかるという話は聞いたことあるでしょう」。リヴァーマンはこの心の交流の意味を説明してくれた。件《くだん》の女性は腹部に悪性腫瘍があり、それで心に傷を負っていた。スターライトはクライアントのなかから彼女を選び出し、心配の種になっている部分に鼻をすり寄せたのだ。人と動物のつながりはすばらしいものだが、私たち人間はそのうちのほんのわずかしか理解していない。

リヴァーマンとスターライトは、その女性とのワークを続けた。情緒不安定になった女性は、混乱している自分の状態をこう表現した。「心がとても痛むの。自分に何が起きているのかうまく表現できない」

リヴァーマンは女性に囲いのなかを歩くよう指示した。すると、スターライトは自分からそのあとに続き、鼻先が女性の背中につきそうなぐらいぴったり寄り添って歩いた。「気持ちを伝えたいのに伝えられないいって、どういう気分？」とリヴァーマンがクライアントに尋ねた。

女性が立ち止まると、スターライトはそのまま歩き続けて女性の前に行き、行く手を塞いだ。それから、耳を下ろして頭を女性の胸にこすりつけ、額でその涙を受け止めた。女性は両腕をウマの首にまわした。しばらくして女性が顔を上げると、スターライトは後ろに下がった。

リヴァーマンが行う感情のワークは、ゆっくりとした遠まわしなものだ。彼女は分析をしない。そんな状況でも、女性に囲いのなかを歩き続けるよう指示しただけだった。スターライトはそのあとに続いて歩いた。ただ、このときは鼻でクライアントの肩甲骨に触れ続けた。

「いまならちゃんと話せそう?」とリヴァーマンは訊いた。

気分が落ち着いた女性は、はいと答えた。

「なぜ?」

「彼がついていてくれるから」と女性は言った。

「疑似科学っぽく聞こえるのはわかってるのよ」とリヴァーマンは認める。ただ、セラピー自体は神秘的なものでもスピリチュアルなものでもない。いま、ここにいて、「ウマに耳を傾ける」ことだけを求められる。「ウマはコミュニケーションをとろうとしてくるけど、そのやり方がとても直観的なの」

リヴァーマンのウマに対する思いはますます熱を帯びていく。彼女は乗馬場の日陰で冷たい飲み物をすすりながら、一頭一頭のウマについてとめどなく語った。次はマスタング・ペイント・クロス種のコーディだ。この牡馬の話になると彼女はくすくすと笑い出した。間違いなくENFP型(外向、直観、感情、知覚)だという。「外向的で、誰のことも好きになる。遊ぶのが大好き。このウマは囲いに足を踏み入れると、みんなを笑わせるの」。コーディはとりわけ子供の扱いが上手なウマでもある。「彼の背中には赤ちゃんを乗せても大丈夫。世界で一番、慎重なウマになるから」

フェアレンはサラブレッドだが、レースに出場したことはない。リヴァーマンの分類ではIST

J型（内向、感覚、思考、判断）だ。「彼は全然、外向的じゃないの。早く仕事を終わらせて、囲いを出たがってばかり」。一方、ミニチュアホースのクッキーはINFP型（内向、直観、感情、知覚）に分類する。「彼女はほかのウマに比べてシャイで内向的だけど、引いて歩いたり、さわったりするのは許してくれる」。小さなウマで、人間の大人の腰くらいの体高しかない。「人が望むことをやってくれるけど、楽しいことをしたがるわね」。サイズと関係があるのかもしれないが、ミニチュアホースの個性には、大人よりも子供を好む側面があるのは間違いない。

私たちが最後に訪れたウマはハンクだ。この牡馬の妙な態度にはすぐに気がついた。リヴァーマンに対する態度に比べ、ほかのウマにはすごくよそよそしい。彼の尻は、丸みのある肉のついたほかのウマの尻と違い、四角いブロックみたいだった。「ハンクは虐待から救われたウマなの。いまでもまだ痩せっぽちだけど、私が引き取ったときの彼を見てほしかったわ。ひどかったんだから」とリヴァーマンは言った。人がウマと親しく接する実例をいろいろ聞いたあとだったので、どうして自分のウマを飢えに苦しませるようなことができるんだろう、と私は思った。リヴァーマンはハンクをISFJ型（内向、感覚、感情、判断）に分類している。ハンクを見たら、過去につらい経験をしたから悲しみに沈んでいるのだろうと思うかもしれない。だが、リヴァーマンが言うには、ハンクは「ものを考えるのが好きなのね。彼は何が必要かを知りたがるわ。それがわかったら、実行に移すの」。もしかしたらハンクは、次に起こることや、群れの仲間が自分を必要としているのを知ることで安心できるのかもしれない。

群れやコミュニティで生きる社会的動物と言えば、ウマやオオカミ、ヒトといった種が思い浮かぶ。反対に単独で行動する動物、つまりほかの個体とごく稀にしか接触しない（交尾のため一年に一回だけということもある）動物というと、クマやクズリなどが挙げられるだろう。昆虫やクモのことは思いつきもしないかもしれない。でも、考えるべきなのだ。人類と遠く離れた種には、私たちの知らない振る舞いや協調行動が厖大に存在する。動物を正しく評価するつもりなら、カリスマ性だとか、ヒトに似た情動的気質をもつなどといったことだけにとらわれるべきではない。

ふたたびクモについて考えてみたい。食欲旺盛で、八つの小さな目をもち、網を張るこの生き物は、さまざまな個性をもつ動物の奇妙な集合体のようにも思える。ただし、前章で見たように、クモはそれぞれの個体が個性をもっているだけでなく、複雑な文化もつくり上げている。

スーザン・リーチャートとトーマス・ジョーンズは二〇〇〇年代中頃、ペアを組んでフロリダ州南部の湿地帯、エバーグレーズの未踏の場所を探索している。クモの社会に見られる多様性の謎を突きとめるためだった。ふたりは車でフロリダ州の南端からアラバマ州を抜け、テネシー州に入るまで旅を続けた。三つの州を北から南で縦断する途中、いくつかの地点で二五個のクモ（*Anelosimus studiosus*）の巣を採取した。それぞれの巣の長さ、幅、高さを測り、その巣に住むクモを特定して論文で発表した。

調査を始めてすぐに、ひとつのことが明らかになった。緯度の高い北側のクモは共同で生活していたのだ。コロニーを形成し、なかには数百匹のメスが生息するものもあった。一方、南側にいる同種のクモは単独で生活し、それぞれがほかのクモから離れて網を張っていた。この緯度の違いは大きく、コロニーをサイズ別に分けてみると、そのうちの七一パーセントが北へ行くほど大きくなる法則が見られた。[3]このクモは、生息地によって異なる文化をもっているわけだ。

こうした違いはどうして生じるのだろうか。生息地が違うと、クモ同士が接触する際の社会ルールが異なるのはなぜだろうか。リーチャートとジョーンズは、箱に二匹のクモを入れ、クモが同じ隅に身を寄せあうのか、はなればなれになるのかを観察する実験を行った。また、個性の差に遺伝が関連しているのかどうかを判断するために、研究室で育てたクモの子供でも実験をした。

南側のクモには確かに孤独を好む傾向が見られた。同じ箱に入れられたクモの大半が、それぞれ反対の隅に分かれて引きこもった。一方、高緯度に生息するクモは、同じ巣にいたもの同士に限らず、好んで同じ隅に一緒にとどまった。そこで今度はクモの個体に着目して実験を行った。その結果わかったのは、個体の性質が社会全体の形成に大きく関わっていることと、ほかにもクモの行動を大きく左右する要素があることだった。[4]子グモが巣から分散する際、社会性があるか単独行動を好むかによって、移動する距離に違いがあることにふたりは気づいた。共同巣から分散した個体は、分散する距離が短かったのだ。

これは、クモの個性や遺伝した特徴によるものなのだろうか。それとも、生息環境の違いが影響しているだけで、緯度が密接に関係しているのだろうか。この実験では、クモをある生息地から別の生息地へ移すことも行われた。ところが、興味深いことに、それによってクモがほかの個体との付きあい方に変化を見せることはなかった。リーチャートとジョーンズは、緯度の違いの影響を取り除くため、研究室でクモに交尾をさせ、子グモを育てさせた。そして、同様に子グモを箱に入れて社会性を測る実験を行ったところ、北側に生息する親から生まれたクモは、南側の親をもつクモよりもはるかに社会性が高いという結果が出た。つまり、クモが共同生活をしたがる理由は生まれつきのものだったことになる。自然選択の結果、社会性のあるクモが生き残る地理的条件があったということだ。なぜだろうか。

一九八〇年代に、ウタ・ザイブトとヴォルフガング・ヴィックラーが社会性クモの研究を行った。[5]この研究はリーチャートとジョーンズの研究の基礎となり、社会性クモの進化的意義が見出される足がかりになった。ザイブトらはその分析で、大きなコロニーでの生活は個体に犠牲を強いるものだと述べている。単独行動をする雌グモに比べ、大きなコロニーの雌グモははるかに小さかったのだ。クモのサイズが小さいと、メス一匹あたりの卵嚢の数も劇的に少なくなる。ここから示唆されるのは、遺伝的に社会性をもつ傾向にあるクモの子供の数は少なくなる可能性があるということだ。自然選択の観点から言えば、環境に適応しているとは言い難い。それなのに、社会性クモが個体数を維持しているのはなぜなのだろうか？

それを考える手がかりになるのは、社会性クモの協力体制である。社会性クモは、複数のメスが生息するコロニーをつくっている。網の維持管理や獲物の捕獲を協力して行い、共同で子育て（いわゆるアロパレンタル・ケア）をする。こうした子育てが行われるのは、気温が低く、生き抜くのが少し難しい環境のせいだ。つまり、子グモが巣を離れる前に、母グモが死んでしまう確率が高いのである。大所帯のコロニーであれば、ほかのメンバーがみなし子の子育てを手伝うことができる。[6]社会性のある動物は集団で生活することによって不利な状況を克服する。これは単独行動の動物にはできないことだ。集団で生活するには、社会性が求められる。こうした個性が、より北側に生息することを可能にしている。生理的機能だけでなく、動物の個性や行動が地球上で生息域を拡大することを可能にしているのである。

アンドリュー・シーは、動物の個性研究であればどこでも見かける人物だ。自身が住むカリフォルニアでの研究にも関わっていれば、オーストラリアで行ったステファニー・ゴドフリーとの共同研究もある。[7] このゴドフリーとの研究は、マツカサトカゲ（*Tiliqua rugosa*）を調査の対象にし、こうした動物に見られる社会性の概念を拡張しようとしたものだった。さまざまな個体が入り混じる集団において、多くの人が後退的進化と考えるような状態がどうやって生じるのかを調査したのである。ゴドフリーらのチームは、南オーストラリアで六〇匹のマツカサトカゲの尻尾にGPSユニットをテープで貼り、トカゲの活動と数分ごとの位置を記録した。それにより、トカゲのつくる群集を地図上で把握し、そこに含まれる個体数を計算した。トカゲはどれも、ほかの個体のいるところを均等にまわっているのだろうか？　それを解明するには、高度な数学的処理と三年間の観察期間が必要だった。だが、マツカサトカゲが普段移動するときの速度と距離を基準データとして用いることで、さまざまな場所にいるすべてのトカゲが遭遇する確率の予測値を算出した。要は、二匹のトカゲが日常生活のなかで遭遇する確率を割り出したのだ。これは、カクテルパーティでの参加者の動きを調査しているのに近い。みながみな、部屋のなかにいる人に手当たり次第声をかけて、均等に時間を費やしていく社交家なのか。それとも、付きあいの輪のなかで固まって、気の合いそうな相手と多くの時間を費やしているのか。お気に入り（彼氏、彼女、それとも友だちのグループ？）はいるのか。

もし社交イベントで、箱のなかに放たれたBB弾みたいに、あちこち動きまわって話しかけなければならないとしたら、参加者は目がまわってしまうだろう。それはマツカサトカゲも同じで、まったくの偶然で別のトカゲと出会っても、行動をともにするのはそのうち半数だけだった。また性別による違いでは、オスはメスと、メスはオスと行動をともにする割合がはっきり高かった。これは、個体間で一雌一雄の関係を築くためである。マツカサトカゲは、恋人同士で長い期間移動するロマンチックな種と言えるかもしれない。データが示すところによると、トカゲにはお気に入りの相手がいるだけでなく、嫌悪してはっきりと避ける相手もいた。まるで高校生のように、オスもメスも調査期間中ずっと持続したグループをつくっていた。

動物の社会が人間の社会とそっくりである必要はない。しかし、クモやトカゲ、あるいは魚類であっても、私たちが思っている以上に人間と類似性がある。トカゲに一雌一雄の関係や友人のグループがあるなんて、誰が考えただろう。でも、トカゲにはそういう習性があるのだ。私たちがそれを意外と思うのは、ニワトリやオオカミのような馴染み深い種には序列があったり、君臨するボスがいたりするのを見ているからではないだろうか。友人グループがある理由を問うのはひとまず置いて、グループ内にはどんな関係性があるのかを考えてみたい。グループのなかで、社会的なつながりや序列はどうやってつくられるのだろうか？

グッピー（*Poecilia reticulata*）は付きあいを大切にする魚だ。しかし、リーダーシップを扱ったビジネス書によく出てくる「傑出した人物」にあたるものもいるらしい。実例を挙げよう。オーストラリアのニューサウスウェールズ州にあるマッコーリー大学のカラム・ブラウンとエレナー・アーヴィングは二〇一三年、グッピーの性格特性を明らかにする論文を発表した。これは、私がこの本ですでに触れた性格特性に関する研究を基にしたものだ。用いる実験も、一匹のグッピーを新しいタンクに入れるという見覚えのあるものだ（シジュウカラを新しい部屋に入れた研究とそっくりだ）。果たせるかな、この実験によってグッピーには、攻撃的、勇敢、社交的といったように個性の違いがあることがわかった。[8] だが、この研究にはまだ続きがある。ブラウンらはグッピーを四つの群れに分け、どのような社会性が見られるかを実験したのである。状況としては、大学の教授が新入生を集めて、プロジェクトごとのグループに分けるのに似ている。

ブラウンとアーヴィングは、ガヤガヤと騒ぐ新入生のようなグッピーの群れを観察し、興味深い発見をした。その構成にもとづいて、グループにはそれぞれ「グループの個性」があることがわかったのだ。魚の群れは、人が群れているのとさほど変わらないのかもしれない。統計を用いてそれぞれの群れの特徴を分析したところ、ほかの群れより勇敢さを示す群れや攻撃性を示す群れが見られた。なかでも一番興味を引いたのは、群れの個性はそのなかにいる魚たちの特徴を平均したものではなかったことだ。群れがどう行動するかは、そのなかで一番活発で、社交性のあるメンバーがどのように活動するかによって決まる。漁師のなかにも人を教えに導く漁師［「マタイによる福音書」にある「人をすなどる漁師」という表現から。福音伝道者を示す］がいるように、魚にもリーダーになるものがいるのだ。論文では、「リーダーは、追随する魚たちと本質的に違っており」、「別の個性をもっている可能性を示す証拠が出はじめている」と結論づけられている。

リーダーがいれば追随者もいて、グループができる。自然界において個体が集まることでどのように社会が形成されるのかについては、科学による解明が始まっている。科学者が社会的ネットワークの調査に取りかかるや、ダイナミックな社会集団がいたるところで見つかっている。たとえば、アジアゾウ（*Elephas maximus*）は、メスのリーダーを頂点にして直線的に序列が決まる安定した集団をつくるが、それだけではない。ゾウは集団全体、またはつがいにおいて、個体間で複雑な交流を段階的に行っている。シェルミン・デ・シルバらは二八六頭のメスの成獣のゾウを二〇か月かけて観察し、ゾウがつがいになり、小集団となって、大きな群れをつくっていくのを追跡した。[9] ゾウがつがいをつくることは確認されたが、どのつがいも同じわけではなかった。絆の強さに差があるのだ。調査によって、早々に仲良しになるものから二年に一度だけ会う知りあいまで、ゾウの社会性には付きあいの程度に応じて六パターンあることが明らかになった。また、ゾウのグループ（通常、六頭から一二頭のメスが含まれる）には長期間、変動のないものがあることもわかった。野生のゾウは一年のうちに何度か一緒に過ごす相手を変えるのだが、それでも観察を行った二年近くのあいだ、友だちのグループはそのまま維持された。これは離合集散型と呼ばれる流動的な結合システムで、群れ全体は維持しつつ、そのなかで個体がグループをつくったり解散したりを繰り返しているのだ。

スコットランド沖に生息するイルカの群れもまた、さながら水生のゾウとも言えるような群れを形成する。[10] アバディーン大学のデイヴィッド・ルソーは、多くの同僚を動員して大規模な研究を行った。何時間もボートの上から写真を撮り、傷を頼りにイルカの個体を識別することで、どんな相手と一緒に泳いでいるかを特定した。この論文では、動物の行動の定量化が可能である例を示すために、イルカの社会構造を数学的に説明する方法（Girvan-Newman アルゴリズム）を採用している。この方法を用いて、それぞれのイルカがほかの個体とどれくらい一緒にいたがるかを計測し、一番長く一緒に行動したイルカ同士をグループに分類していく。さらに、すべての群れを評価して、グループ間の結束の度合いに応じてさらに大きなグループへとまとめた。定量的な方法はどうしてもデータが不足しがちだが、幸いこの研究では一九九〇年から二〇〇二年にかけて、八〇九ものイルカの群れを分析することができた。

イルカの社会的ネットワークは、ケヴィン・ベーコンの共演者つながり並みにどんな相手ともつながる「スモールワールド」[11]であったとルソーらは分析している。イルカは流動性の高い複数の社会集団をつくるが、どんな個体同士でも四頭ほど知りあいをたどれば共通の知りあいにつながるという。つまり、ゾウに見られた離合集散型の社会に等しいものをイルカも形成しているわけである。だが、イルカには私たち人間に馴染み深い、ある特徴が認められた。

スコットランド沖のイルカ社会を正しく評価すれば、短い付きあいを繰り返して生活しながら、長期的な仲間（七、八年間は付きあうことになる）との交流によってそうした日々に彩りを添えているといったところか。これは、ヒトの日常に通じるものがある。ヒトは、日常生活で親しい人たちと交際する一方で、近所の人やスーパーの店員や教会の信徒や地下鉄の通勤客とも話をするからだ。イルカは自分が属する社会的ネットワークの外にも友だちをもつが、そのつながりは不安定で、平均して五年ほどしか維持されない。それに比べ、身近な社会集団は結束が強く、八年は維持される。イルカは社会集団内でさらに仲間のグループをつくる。

ヒトは、自覚しているかどうかは別として、ゆるやかな関係性に包まれて人生を過ごす。イルカの社会的行動を調査することは、鏡を覗き込むようなものだ。私たちは、職場の同僚や遊び仲間といった頻繁に顔を合わせる強い関係性ばかりに目を向けがちである。だがイルカの社会の付きあいを見ていると、自分が社会で属しているのは身近な友人の集団だけではないことがわかる。

もっとも、動物の個体間の複雑な社会上の付きあいを解明するには、ほかの種にも社会的ネットワークが存在するかどうかよりも、どこをどうやって調査すべきかということのほうが問題になるだろう。コウモリもまたコロニーに生息しているが、その社会構造には特徴がある。洞窟に住むコウモリ全体を国民とすれば、コウモリはその下に夫婦や個人といったような下位の社会構造をもっている。マックス・プランク鳥類学研究所のジェラルド・カースらの研究がそれを説明してくれる。[12]カースらは、ねぐらにつく野生のベヒシュタインホオヒゲコウモリ（*Myotis bechsteinii*）を観察する際、個体識別用のPITタグをコウモリに貼り付け、それを読み取るリーダーをねぐらの入り口に設置し、データロガーに記録を保存した。そうして五年間観察を続け、見事二万五〇〇〇頭分のデータセットを築き上げた。ふたつのコロニーのコウモリ間で行われた交流を分析してみると、ゾウやイルカと同様、離合集散型の流動的な社会であることが明らかになった。また、コウモリは体格にもとづいて友情を築くのではないことがわかった。年齢、サイズ、生殖状態、血縁がばらばらの個体によって社会的関係が長期間維持されていたのである。

人間社会の映し鏡であるのはそれだけではない。コウモリのコロニーに認められた創発特性［全体として現れる、部分の性質の単純な総和にとどまらない性質］やダイナミクスは、一、二頭のコウモリがつがいになるということにとどまるものではなかった。そのコロニーはさらに仲間のグループに分かれており、複数の血統が集まってそれぞれで社会集団を形成していたのだ。しかも、その集団のメンバーには集団外の個体とは交流しない傾向が認められた。

コウモリに希望があれば、人間にだって希望はある。ひどく孤立したコウモリのグループのなかで、ほかのグループとつながりを保ち、相互に交流する個体が育つ。自分の属するグループや地位に合った生活をする庶民のなかにも、ごく少数、グループを隔てる境界を飛び越える者がいる。たとえば人間の社会集団でも、国家には得てしてトーマス・ジェファーソンやベンジャミン・フランクリンのような長老政治家が生まれ、自分の理想に揺るぎない忠誠を誓いつつ、フランスとの外交にも力を尽くしている。

カースらは、コウモリにも外交官タイプがいることを明らかにしている。ベヒシュタインホオヒゲコウモリは体重が一〇グラムほどの空飛ぶ哺乳類で、二〇年ほどの長い生涯のあいだ、ねぐらとするコロニーの構築と解散を繰り返す。四月から九月にかけては、年次サミットさながらに、さまざまなグループが一堂に会する。グループは冬のあいだ、ばらばらに別れ、春になるとふたたび集まってコロニーをつくる。コウモリがグループに入るメリットは、仲間と協力しあえることにある。

食料の調達に関する情報を共有したり、温めあったり、互いに毛づくろいをして身なりを整えたりする。コウモリの社会はたくさんの点を線で結んだような構造をしており、コロニーが孤立しても、長老の地位にいるコウモリの働きで、成員が完全に孤立することはない。長老たちはコロニー間を自由に行き交い、種族全体でつながりの輪を保っている。

ヒトなどの哺乳類の脳が大きく発達したのは、社会性があるためだとする説があるが、カースが示した結論はこうした説に異を唱えるものだった。時間をかけて観察してみれば、どんな動物にも社会性があるとわかる。社会性と結束はあらゆる種にとって欠かせないものだ。どんな種でも協力して生きており、社会性がその手段となっている。人間中心主義の傲慢さが、こうした共通点を見落とす過ちを引き起こしている。ヒトは、ほかでは生存できなかったため地上で生きているのであり、社会的ネットワークを使って支えあっているという点では、クモとさほど変わらない。また、さまざまな国をつくる一方、完全な孤立を避けるための社会の仕組み（外交）を生み出したという点では、コウモリと変わりないのである。

理系の研究者は独特のキャラクターをもつ人が多いと、一緒に働いている大学院生たちがよく言っていたが、デイヴィッド・ストーナーはまさにその実例である。ストーナーは長髪でほっそりとした男で、ゆっくりと慎重に動くが、ときには瞬時に行動を起こすこともできそうだ。[13] 彼が研究するピューマのように。

ストーナーは二〇〇頭ほどのピューマ（*Felis concolor*）を追跡して観察している。彼の推定によれば、綿密な調査が可能なのは約五〇頭だという。ストーナーはピューマの個体について説明するとき、もの思わしげな表情になる。どうやら動物を擬人化することに少しためらいがあるようだ。彼は研究対象のピューマをいつも番号で呼ぶようにしていたが、あだ名がついてしまうのは避けられなかった。一緒に仕事する猟犬管理人の荒々しい男たちがつけてしまうのだという。自分が公的な場面でそうしたあだ名を口にしてしまったらまずいと、ストーナーは言う。

人間にまったく関心を示さない動物に愛くるしい名前がつけられると、「胃がムカムカする」とストーナーは打ち明ける。だが、葛藤もあるという。博士号をもつ科学者にしては自己省察に長けているストーナーは、動物に対する情熱がなければ、自分も仲間の生物学者もこんな仕事はしていなかったと言う。つまり、研究の動機に感情がこもっていないとか、野生生物学者にとって動物は温度のないただの数字で、科学的目標を達成する手段にすぎないなどと言うと、不正直になるというのである。むしろ難しいのは、感情が入り込んでしまうことを自覚しつつ、それによってデータの解釈に影響が出ないようにすることである。

マウンテンライオンやクーガーなどの別名をもつピューマは、単独行動をする秘密主義の動物だ。ピューマを目にする機会はほとんどないため、その生態を十分に把握できていない、とストーナーは嘆く。「ピューマとの付きあいは淡白なものです。一度その姿を見たら、あとの接触はすべて間接的なものになります」。その元凶は現代の野生生物学にある。生物学者が調査しているのは「行動ではなく信号音」なのだ。ピューマは人里離れた高山地帯に潜んでいる。いまでも米国本土に生息していられるのは、おもにそのおかげだと考えられる。オオカミのような大型で人目につきやすい肉食動物は、一九四〇年代までにアラスカを除く米国本土からいなくなった。そのあいだもピューマは高山地帯にとどまり続けた。野生動物の愛好家の数はそのときから増え続けている。その結果、現在のピューマの生息域は、西海岸からモンタナ州中部までの西部地域と、そこから南東にあるテキサス州下部までの地域におよんでいる［著者は米国についてのみ述べているが、実際の生息域は米国外にも広がっている］。また、東側にも進出してインディアナ州まで来ており、フロリダ州に生き残っている数少ない群れを目指して移動していると見られる。

ピューマは、こっそりと動きまわる社会性のない動物として知られている。ただ、あるとき出会った二頭のピューマは、そうした定説に従わない行動をしたと、ストーナーは笑顔で説明する。ピューマを捕獲する方法で一番信頼性が高いのは、猟犬を使うことだ。猟犬は地面のにおいを嗅ぎ、吠えて動揺を与えながらピューマの跡を追う。飼いネコとよく似たところのあるピューマは、ほんのしばらくは走って逃げることもある。だが、たいていは木に登って隠れ、うるさい猟犬が立ち去るのをじっと待つ。あるとき、ストーナーは二頭のピューマをそうやって木に登らせた。二頭の登った木はそれほど遠く離れていなかった。「どちらもひどくおかしな鳴き声を出してました」と彼は言う。二頭は交互に鳴いた。コミュニケーションをとっていたのだ。「まずありえないことです。この二頭はほかとは違っていた」。ピューマはそんな社交的な振る舞いはしないと考えられていた。

こうした出来事があって、ストーナーは「自分たちの観察の仕方は大雑把すぎるんじゃないか」と考え込むようになる。実際にピューマ同士のやりとりを観察できたら、何がわかるだろう？「われわれが見ているのは氷山の一角にすぎない。もっとちゃんと見れば、ほかにも見えてくるものはあるはずです」

ストーナーは博士号取得のため、ユタ州ソルトレイクシティの近くにそびえるオーカー山脈でピューマの観察を行った。ここは比較的雨が多く、非常に豊かな環境だ。多様な植物が茂り、ミュールジカやワピチなど獲物となる動物もいる。そのため、数種類のピューマが生息している。オーカー山脈の生息環境とユタ州南部やアリゾナ州の砂漠は環境に大きな差があるから、「オーカー山脈のピューマがモハーヴェ砂漠に出てきても、たぶん一〇分と耐えられないでしょう」とストーナーは言う。

だが、もしピューマをモハーヴェ砂漠からオーカー山脈へ移動させたらどうだろう？　たぶん、死んで天国に来たと思うでしょうね、とストーナーはとっさに答えた。それから間をおいて、この質問についてじっくり考えた。これは、捕食環境だけを考えればすむ話ではない。モハーヴェ砂漠のピューマは広大なスペースをもつことになる。生息するには困難な場所だが、ほかのピューマとはさほど争わなくてもよくなる。山脈に住みたがるものがいる一方で、砂漠に住みたがるものがいることは、補食技術の問題だけではないのかもしれない。そのピューマがとりわけ単独行動を好む孤独主義者であれば、砂漠にいるほうがよほど幸せだろう、とストーナーは考える。逆に近くにいるほかのピューマとうまく付きあえるのなら、豊かな環境をもつ山を生息地とするほうがよい選択となりうる。

孤児になったクマの個性を研究する大学院生のパトリック・マイヤーズと同様に、ストーナーも自分を含めた科学者を批判して次のように言う。「私たちは客観的であろうとして、動物をロボットのようなものだと最初から決めてかかっている。相手が人間なら、そんなことを問題にすらしないのに……私たちに個性があるのは当たり前だからです」と彼は主張を続ける。「人間に対するのと同じ理屈を動物に当てはめないから、こうした否定的な仮説が受け入れられるのです。理不尽にもほどがある」。ピューマのような一般に社会的でないとされる種であっても、すべてが判で押したように同じでないことは認めなければならない。また、ストーナーはほかにも驚くべき重要な指摘をする。彼が研究するピューマは、オスの成体が縄張りに他を寄せ付けず、たびたび殺しあいをする。そうやって、オスがお互いの関係性を調節していると言われる。だが、ストーナーは、そもそも研究手法に偏見がまぎれていることを指摘する。「生態の調査では争いばかりが注目されます。でも、自分たちの日常生活を振り返ってみると、協力していることのほうが多いのではないでしょうか」。事実、ヒトは協力することに多くの労力を費やす。それはピューマも同じなのだ。だが、科学者はそれに注意を払おうとしない。

ストーナーは、追跡調査していたメスのピューマを例に挙げる。「六番」と呼ばれていたそのメスは、ほかのメスと行動圏が重なっていた。彼はフィールドワークをしているときに、そのメスがほかのピューマと動物の死骸を分けあっているのを確認している。確証はないが、もう一頭のメスは六番の母親ではないかと彼は推測した。母親はシカを仕留め、五歳になる娘と分けあい、さらに孫たちにも与えていた。単独行動を好む種にも世代間の支えあいがあるのかもしれない。科学は、怠慢による過ちの例には事欠かない――証拠がないことは、それがないことの証明にはならないのである。研究者はこの先、ピューマに個性や協力関係があることを示す確かな事例を見つけ出すことができるはずだ。いまはただ、どこをどうやって調査すればよいか確かめている最中だとしても。

私たちはつい、ものめずらしくて普通とは違うものに目が行ってしまう。オスのピューマが共生できないことはよく知られている。殺しあいに発展しがちだからだ。しかし数年の期間をとって、種全体を俯瞰しても、殺しあいで死ぬ個体は少ない。もし殺しあいがピューマの最優先目標だったら、それぞれが絶えず相手の居場所を探り、攻撃を仕掛けるようになるだろう。そして、最後に勝ち残ったオスが死んでしまえば、オスは消滅することになる。ところが実際は、ピューマは殺しあいの回避に時間と労力をつぎ込んでいる。社会性がないとはいえ、ピューマにも社会システムはある。それは、一番強いオスの縄張りを中心として、ほかのオスが衛星のようにそのまわりに生息するというものだ。若いオスは一番強いオスに最良の生息地を譲って、ほかでなんとか餌にありつく方法を探る。「でも、私たちはどうしても派手な戦いや死に注目してしまう」とストーナーは言う。「ピューマたちが争いを避けるためにどんなことをしているかには、なかなか目が向きません。実態をつかみにくいので」。覗き込んでいるプリズムを回転させたら、単独行動をする動物のどんな姿が見えるだろう。それは、たまに戦うことはあっても、戦いの回避に多くの時間を費やす動物の姿ではないだろうか。

社会的かそうでないかは、ほかの種との交流も含めて考えたほうがいい。ピューマはヒトに対して寛容ではないと言われれば、確かにそのとおりだ。一九世紀初頭から二〇世紀にかけて荒れ狂った猛獣狩りの嵐を生き延びられたのは、その秘密主義のおかげだろう。だが、どの個体も一様ではない。なかにはヒトに対して寛容で、ヒトから利益を得る方法を見つける個体もいる。特に現代は、ヒトの手が入らない環境はさほど残っていないから、そうした行動をとることで得られる利益は大きいと言える。ストーナーはそうした例として、一頭のメスを挙げる。大半のピューマが高地にとどまるなか、そのメスは道路のそばで、車に轢かれた動物の死骸を餌にして子供を育て上げたという。死骸はあり余るほどあったから餌に困ることはなかった。獲物を取る方法は、ひとつだけではないのだ。

レイザーバック山の長く急な稜線がほんの数キロメートル先にあるはずだが、立ち込める霧で見えなかった。アダック島にあるその山が全貌を見せるのは、年に数回しかない。荒れたベーリング海と北太平洋が沿岸で混ざりあうせいで、ツンドラと岩ばかりで木のないこの島には強風が吹きつけ、玉のような霰《あられ》が飛んだ。アラスカ州にある、荒涼とした雪と風の島だ。島内の海岸近くにそびえるレイザーバック山は、私の家からも見ることできた。めったにない、晴れた穏やかな日に限られたが。

稀にそうした穏やかな天気の日（晴れ渡った、気温一八度くらいの日）が訪れると、太陽休暇《サンシャイン・ホリデイ》が宣言され、労働者は勤めから、子供は学校から解放される。高校生だった私は、仲間と連れ立ってアシカみたいに太陽の下に寝転がった。もっとも、アシカはどんな天気でも島の南側にある岩場で寝そべっていたけれど。風のない晴天が休暇の条件になるというのはなんとも馬鹿馬鹿しく、アダック島は気楽な場所だという印象を与えるかもしれない。だが、実際は正反対だった。思い出すかぎり、私が住んでいた三年間のうちで、太陽休暇の条件を満たす日が訪れたのは二回だけだった。

私にとってこの島は、人格の形成期を過ごした大切な場所だ。私は成長とともに、外の世界やそこに住む生物が好きになった。成長とともに、激しく吹き付ける雨や風が好きになった。霰《あられ》に顔を打たれ、自分を死に追いやろうとする環境に抗うことで、生きていることを実感した。過酷な環境に生きる動物たちと、ちょっとした絆を感じるようになったのもこの頃だ。アダック島は、ワタリガラスにとって完璧な場所だった。

ワタリガラスはほかの鳥とは違う。物陰で縮こまるカモや小鳥をよそに、雨風に立ち向かい、くちばしで雨氷を砕きながら上空へ舞い上がる。どんなにひどい天候でも霧の嵐を一身に浴びて遊ぶ。ワタリガラスは崖の縁から舞い降りて、風のなかを突き進む。翼をたたみ、黒い弾丸のようにバレルロールをしながら急降下し、雨で濡れたツンドラの上すれすれを飛んでいく。突然、黒い体が大きくなる。強風を体一面で受けるために、翼を大きく開いたのだ。ワタリガラスはその風で突き上げられ、翼をたたみ、クルクルとまわりながらふたたび上昇していく。そうして見えない空の階段を一気に上りきると、風に身を委ねて水平飛行をしながらカーと鳴き声を上げ、横一線に並んで山の上を飛んでいく。ワタリガラスは急降下することで喜びを表現しているのだろうか。崖の上にとどまってピョンピョン跳ねている二羽は、その行動が表すように傲慢で冷めているのだろうか。カーという鳴き声が上がるのは、群れのなかの一羽が回転に見事なひねりを加えたときだろうか。そもそも、あれは集団のダンスなのだろうか。

ベルンド・ハインリッチは『ワタリガラスの心 *Mind of the Raven*』のなかで、ワタリガラスが空で行っているのは飛行パーティなのだと説明している。[14] そう、私が当時見たのもまさにそれだった。

ワタリガラスが上空で見せたフラッシュ・モブは高校生のダンスみたいなもので、ただダンスを踊っているというより、交友関係の築き方を学ぶために行われていた。時間をかけてダンスをしているうちに、二羽のカラスのあいだで強い絆が育まれることもある。その二羽は群れから離れて、高い場所に並んでとまり、互いに身づくろいをするのだ。そのとき鳥の脳内で何が起こっているのか、それは私の心や体で起こる感情や神経の働きと近いものなのか、私には知る由もなかった。

一〇代の私はアラスカの自然に囲まれ、寄る辺なさを感じることがあった。孤独と憧憬。ワタリガラスが体現する自由やあふれんばかりの喜びがうらやましかった。大きな声でカーと鳴き、空を飛んで自己表現をしたかった。けれど、崖っぷちで冷やかしたり励ましあったりする友だちも欲しかった。集団に順応した人たちから離れていたいという気持ちをもちながら、自分が属する社会集団になんの問題もなく適合していた。それを皮肉だとは思わなかった。

私の父は厳格なカトリック教徒で、海軍に所属する職業軍人だった。私は意識してそうした世界から距離を置いた。友だちとともに髪を長く伸ばし、ワタリガラスが羽を逆立てたりつくろったりするのと同じように、髪をあれこれといじった。フラノのズボンをはいて屋外で遊ぶのが好きだった。一方、同じ学校の生徒は、ほとんどが屋内でバスケットボールやチアリーディングをした。みなお互いを受け入れてはいたけれど、しっくりくるグループを探し当てるのに多大なエネルギーを費やしてもいた。みながみな、そうやって動くことで、どんなに複雑な数学的モデルでも歯が立たないような離合集散のダイナミクスが生まれていた。私の友人グループは、裏切ってほかのグループに入りたがるような人たちとは一線を引くようにしていた。

大人になっても、事情はそれほど大きく変わっていない。小さな町で中年を迎えるまでに、口論や陰口やポジショントークを何度も耳にしてきた。すばらしいパーティやイベントを開く機会もあった。それなのに、いまも高校生活の延長線上にいることに気づいたときの悲しみは想像してもらえると思う。

つまり言いたいのはこういうことだ。ヒトは動物形象、すなわち動物研究の成果を通して自分を見ることで、自分について多くを学ぶことができる。ほかの動物が仲間とどうやって付きあっているか——そして、なぜそうするのか——を知れば、私たちヒトもどう付きあうべきか、どう付きあえばいいかについて多くを学べるのである。一〇代の若者の内面で起こる葛藤に、私たちはもっと目を向けるべきだ。この頃に生殖機能の発達は最終段階を迎え、個性が固まっていく。一〇代の若者は、誰がかっこよくて、誰がかっこよくないかを判別することで、自分たちに社会性があるか、どれくらい社会的かを判断している。

積極性や社会性の高い個体がどれくらいいるかによって、そのグループ全体の個性が決まる。リーダー（先天的か後天的かは別にして）がダイナミクスを生み出してグループ全体の文化を変え、活性化させるのである。個体のレベルから視野を広げ、個体がグループを形成することで生み出される効果を調べれば、創発特性をもつ複雑な世界が立ち現れてくるだろう。私は、社会性のない野生生物学者であることを自認しているが、その一方で、クモやピューマやワタリガラスやその他無数の種とヒトを比べることで、あらゆるヒトのあいだで見られるいさかいや悪意とも、いま以上に折りあいをつけられることを学んだ。まさかと思うかもしれないが、協力の芽は私たちのなかにあるのだ。

第6章　旅好きか家好きか

神様を描いたポスターに出てきそうな空。積雲のあいだから陽光が海に降りそそぎ、波を優美に輝かせる。リスボンの街が大西洋の上に浮かび上がる。広漠とした砂浜と海と夕焼けを見下ろしながら、気づくと私は、遠い先には何があるのだろうと考えていた。夕刻、果てのない海を見つめて考えをめぐらせていると、希望と不安の混ざった感情がとめどなく湧いてくる。海の上をいやになるほど長いあいだ飛行したらどんな感じがするだろうと思った。木桶に入ったワインみたいな暗赤色の海を、古代の人々はどんな苦労を重ねて航行していたのだろう。私には想像もつかなかった。

ニーニャ号、ピンタ号、あるいはサンタ・マリア号といった船で航海したのは、どんなタイプの人だったのか。コロンブスをはじめとする勇敢な探検家は東洋を見つけるために西へ航海した。大陸や海を果敢に移動して、探検や征服を行ったモンゴル人やローマ人、ヴァイキングはどんな人々だったのだろう。

私は水平線上で薄れゆく光を見つめながら、うねる大海に馳せる夢と背後にそびえる堅固な大地を対比させていた。黄昏の美しさよりも、海水と砂浜のせめぎあいにこそ見るべきものがある。私のいる場所から砂浜を見下ろすと、石灰岩のブロックから彫り出された丸屋根の砲塔が見えた。一五一九年に建てられたこのベレンの塔は、テージョ川沿いに立つ五階建ての建物で、リスボンの玄関口を守る大砲を備えている。海が探検の象徴ならば、塔は祖国を象徴していた。このふたつの象徴は、新天地を求めて放浪する旅人か、それとも馴染みの場所に安住する引っ込み思案の家好きかという性格型を表すものでもあった。

舟を選ぶか、要塞を選ぶか。この選択は実のところ、ポルトガルの沿岸で育つ人々にとどまらず、地球上のさまざまな生物の生活戦略を形づくるものでもある。

二〇〇七年、エルス・フィエルディングスタットは、パリにあるピエール・マリー・キュリー大学の生態学研究室と共同で、それまで誰も思いつかなかったような「すごい」論文を発表した。フィエルディングスタットらは最も単純な生命体について論文にまとめ、単細胞レベルで個性の観察を行う基礎を築いたのだ。[1]観察の対象としたのは、テトラヒメナ（*Tetrahymena thermophila*）という単細胞の原生生物だった。この生物は毛のような繊毛《せんもう》に覆われており、この繊毛を使ってペトリ皿や池のなかを移動する。水中を動きまわってバクテリアや溶け出した栄養素を漁るハンターだった。体長は六〇マイクロメートルと、髪の毛の幅に数匹を並べられるくらい小さい。

テトラヒメナの生殖は、ほかの単細胞生物と同様、大半が自己のクローンをつくり、分裂することで行われる。しかし、テトラヒメナは有性生殖をすることもできる。そのプロセスは「接合」と呼ばれ、ふたつの無関係な個体（クローン同士は生殖できない）が接合して、遺伝物質が半分ずつ交換される。クローンをつくったほうが効率的なのに、なぜ有性生殖が行われるのか。原因は環境のストレスである。栄養がなくなるなど、生息環境に問題が生じた場合、テトラヒメナは二匹が接合することで新しい個体をつくる。テトラヒメナがこういうことをするそもそもの理由は、遺伝物質を組みあわせることで、種に新たな変異をもたらすためである。接合によって、母集団に存在しない新たな性質をもつ個体がつくられるのだ。いまの状況が良くなるきざしはなく、環境を変えることもできない場合、あなたならどうするか。テトラヒメナは有性生殖によって変異というスパイスを加えることで、子孫がいまの状況に適応できるようにするのである。

接合は頻繁に起こるわけではない。ただ、テトラヒメナが集団内に多様な個体を取り揃えておける程度には発生する。テトラヒメナは小さいが、よく見てみるとすべてが同じではないことがわかる。おおよそ平均的なサイズと形の個体がいる一方で、繊毛でぐいぐい進む細長い個体もいる。尻尾のような鞭毛《べんもう》が生え、もっと速く泳ぐ個体さえいる。また、近くで観察すると、すべてが同じ動きをしていないことがわかる。ある個体は動きの速い探検家となり、のろまな個体の四、五倍のスピードで縦横に動きまわる。一方で防御戦略を選ぶ個体もいる。彼らは、行動の仕方が似た個体同士で協力して集合体を形成する。そして、集合体を物理的に結合する物質をそれぞれが分泌し、要塞を築き上げる。

フィエルディングスタットと同僚たちはこの実験にさまざまな条件の環境を用意し、数種のテトラヒメナ株を培養した。一部のコロニーには栄養豊富な環境を用意したが、他のコロニーは栄養の不足した環境下に置いた。そして、どのコロニーが育つか――探検志向か、家好きの集まりか――

を観察した。また、さまざまな環境条件の下に置いた株それぞれの生息密度を測定した。実験に用いた試験管は、実際の生息環境に近づけるために細い管で別の試験管と接続し、テトラヒメナがそちらへ逃げられるようにした。

実験の結果は次のようになった。まず、元の試験管にとどまることを「選んだ」テトラヒメナは、体長が短く、ゆっくりと動いた。だが同じ、限られた栄養条件では生息密度がほかより高くなった。家好きタイプのテトラヒメナは、お互いに依存して協力しあう割合が高く、著者たちの言葉を借りれば「高い社会性」が見られた。つまり、条件が良ければ、家好きタイプの個体が有利になるわけだ。生息密度が高い状態で栄養条件を悪くすると、速く動けるテトラヒメナ株の個体は、別の試験管へ移動して生存することができた。繊毛をもつ単細胞生物にも個性があるとするなら、これまでの個性に対する考えを変更せざるをえなくなるかもしれない。しかし、まず注目すべきなのは、こうした「単純な」生物にも形態や行動にばらつきがあることである。もっと複雑な生物の形態や行動と比べても、単に程度の差があるだけだ。

ただ、ここから先は、やや込み入った科学の話になる。たとえば私は、動物を好戦性や、食欲などの欲求、社会性にもとづいて分析し、分類している。しかし、動物にせよ人間にせよ、一面的にとらえられる種はないということを認識するだけなら、単細胞生物を見ればすむ。これまで用いられてきた分類では不十分であると確認するのに、複雑な種にまで目を配る必要はない。実のところ、たったひとつの性格特性でも創発特性は生じる。複数の特性が組みあわされば、まったく新しい個性がその種にできる。たとえば、ある生物が勇敢な探検家の個性をもつには、もう少し勇敢さや孤独好きの特性が必要になるかもしれない。もしくは、旅人を生み出すような隠し味の特性が必要になるかもしれない。観測されるさまざまな特性がどのように関係しあえば、探検家や家好きなど、生活様式とも関連する性格特性が生まれるのか。それを研究することが、動物の個性についてさらに詳細な知識を築くことにつながる。また、さまざまな性格特性がどのように自然選択を切り抜けてきたのかを理解することにもつながるのである。

動物の個性に関する研究分野は、二〇一〇年にひとつに統合された。この年、ジュリアン・コートが、アンドリュー・シーらと協力して論文を発表し、多くの種の個体に見られる旅人のような性格特性に関してすばらしい概略を示したのである。[2] もといたグループから分散することの多い動物には、ある一定の傾向が認められることをコートらは発見した。デバネズミ（*Heterocephalus glaber*）やコモチカナヘビ（*Lacerta vivipara*）には、じっとしていられない個体が一定数いた。また、ハツカネズミ（*Mus musculus*）のオスの一部には、落ち着きがなく、分散する傾向が見られた。放浪癖が見られるオスの息子には、こうした行動傾向が受け継がれていた（生まれか育ちかという問題は次の章で扱う）。

個体が分散する傾向は、ほかの特性の測定結果によっても裏付けられた。たとえば、大胆さを示すスコアが高かったトリニダード・メダカ（*Rivulus hartii*）の個体は、臆病な個体に比べてより遠くまで分散した。小さく、尾の短いアメリカハタネズミ（*Microtus pennsylvanicus*）では、分散した個体はほかの個体より攻撃性も高かった。また、アカゲザル（*Macaca mulatta*）でも攻撃的な個体が早く分散した。この先、ルリツグミにもう一度触れるときにも確認するが、攻撃性と旅人タイプの結びつきが大きな影響をおよぼすのは、新しい縄張りに敵が棲みついたときなどである。

動物が分散することがなぜ性格と関わってくるのか。トカゲの場合、周囲がほかの個体でいっぱいになったときに誰よりも先にそこから離れることは、自然選択の観点からするとどんな利点があるのか。つまりこういうことだ。確かに個体が旅をすることにはリスクが付きまとう。だが、競争相手のいない新しい環境にたどり着ければ、虹の端に金の壺を見つけたも同然なのである。

こうした「金の壺」効果がいっそう明らかになるのは侵略する征服者、すなわちアカヒアリ、ツヤハダゴマダラカミキリ、アオナガタマムシ、ミナミオオガシラなどの侵略的外来種においてである。こうした動物たちは、なぜ侵略して生息地を乗っ取ることができるのだろうか。その疑問の一部に答えるため、ジュリアン・コートらが淡水魚のカダヤシ（*Gambusia affinis*）をモデルにして検証している[3]。

個性にもとづく分散傾向は、侵略的外来種の生態系侵略能力の燃料源になっているのだろうか。研究者たちの疑問の根底にはそれがあった。ひとつの種が他の種を打ち負かせるのは、ただ幸運だったからなのだろうか。それとも、相手の領地に足場を築くのがうまい個体が、種のなかに一定数いたからなのか。

もっとも、カダヤシはほかの種よりも少し有利な立場にいた。蚊を減らすために、人間の手で世界中の水性生態系に導入されたからである。もっとも、カダヤシは新しい環境に適応し、四〇か国以上にまで生息地を広げている。いまでは、世界の侵略的外来種ワースト一〇〇に名を連ねている。

コートらは、二四〇匹のカダヤシをいくつかの水槽に入れ、その行動を観察した。最初は、個性との関連性が立証できるかどうかを確認しようとした。特にコートらが知りたかったのは、実験用に作成した小川で分散する傾向が見られたとして、それが社会性や、勇敢さ、または大胆さ、積極性など、他の性格特性と関連しているのかどうかという点だった。そのためには、時間をかけて各個体のさまざまな側面を観察する必要があった。カダヤシの個性には一貫性があると、つまり最初に観察したときにたまたま一部の魚が大胆さを示したわけではないと確信を得る必要があったのだ。

カダヤシの大胆さや勇敢さを測定するために用いられた手法は、私たちにはもはやお馴染みのものだった。まず、観察対象の魚は、暗くした小さなシリンダーに入れられた。シリンダーは大きなタンクにつなげてある。次いで、それぞれの個体が、覆いをしたシリンダーから泳いで離れるまでにかかった時間を計測する。タンクに移動したら、新しい環境をどれくらい探検したかをカメラで記録した。

では、個体の社会性をどうやって測るか。研究者たちが用意したのは、三つの区画に仕切ったタンクだった。区画の幅は、中央の区画を大きくし、両端を小さくした。真ん中の区画に入れられた魚は、透明な仕切り越しにほかの区画を見ることはできるが、泳いでいくことはできない。コートらは、一四匹のカダヤシのグループをつくって両端の区画の片方に入れ、もう一方の区画は空のままにした。そして、観察対象の個体を中央の区画に入れ、にぎやかな群れの区画に寄っていくのか、それとも空の区画のほうへ退くのかを観察した。個体ごとにどの場所へ移動するかを記録して、どれくらいほかの魚と一緒にいたがるかを判定した。

次に、各個体の社会性、大胆さ、積極性を測定し、人工的な環境に入れたとき、そうした要素が居場所を離れる決断にどう影響するかを検証した。実験に用いるカダヤシには、識別のため黄、オレンジ、青、赤のインクで尾の付け根にタトゥーを施し、人工的な小川とつながったプールに入れた。個体にはそれぞれ二四時間を与え、そのままプールにとどまるのか、それとも離れるのかを決断させた。実験が終了したら魚をすくい上げ、その個体が旅人タイプなのか家好きタイプなのかを判断した。

その結果、勇敢で大胆な個体は積極性も高いという結果が示されたが、社会性とその他の性格傾向とのあいだにはさほどの相関関係はなかった。つまり、大胆で積極的な魚のなかには社会性の高いものもそうでないものもいたということである。また、性格型は体のサイズや体長とも関係がなかった。つまり、この結果は各個体の行動の違いを正確に反映したもので、体格の影響はなかったことになる。

では実際のところ、どの性格の魚が遠くまで行きたがったのか。ほかに、カダヤシの旅行熱と関係がある性格特性（積極性や社会性のありなしなど）はなかったのか。興味深いことに、この実験において元の位置から最も遠くまで移動したのは、勇敢で積極的な魚ではなく、むしろ社会性のない魚だった。ほかの個体の近くにとどまるより一匹でぶらぶらと泳いでいることのほうが多い魚ほど、人工的な小川の果てにあるプールにいる割合が多かったのだ。三週間の間隔を置いてふたたび実験を行ったが、一回目と二回目で大差はなく、結果の一貫性が確認された。

生態系と調和して生息する在来種と比べた場合、侵略的外来種の行動特性にはどのような違いがあるのか、そのすべてが十分に把握されているわけではない。ただ、さまざまな性格型が重なって成功する侵略者が生まれるとは言えるだろう。なぜなら、ある種が生息地を拡大し、ほかの種を圧倒する第一の要因は、それぞれの個体のなかで生じる非社会的な傾向と攻撃的な傾向の相互作用だからである。たとえば、カダヤシの侵略的性格は、単に多様な環境で生存する能力だけでなく、その「社会」構造にも関係がある。カダヤシは、集団内に新しい環境を探索する個体がいることで、絶えず新しい場所を侵略し、そこにコロニーを築くことができる。つまり、探索者がいるかぎり、次の場所の足がかりには困らないというわけだ。うまく連携がとれているのである。

生物種のなかには、あらかじめ侵略者となることが決まっているものがあるのだろうか。確かに、そういう種もいるように思える。そしてルリツグミほど、性格型や侵略と征服の能力について検証されている種はほかにいない。前にも触れたように、レネ・ダックワースが観察したチャカタルリツグミのなかには攻撃的な闘士がいて、連れ合いや子供と充実した時間を過ごせない場合は、敵と徹底的に戦い、縄張りから追い出す。遺伝子のゲームにおいては、愛情深いものが闘士に勝ったのだが、この話には続きがある。ルリツグミの幸せを左右するのは、愛情深いものと闘士の対立軸だけではない。なぜ子育てがうまくできない闘士が、ルリツグミという種に存在し続けるのだろうか。その答えには生態系のダイナミクスが関わってくる。[4]「自然の均衡」という考え方がある。自然のシステムとそれを構成する生物種とのあいだには均衡が保たれており、どちらかに傾くことはめったにないというものだ。しかし、最近になって私も気づいたのだが、そんなことはない。実際、ルリツグミという種に関して言えば、秤《はかり》が傾いたり戻ったりが頻繁に繰り返されている。自然界が用意する乗り物はジェットコースターなのであって、恋人たちがボートで漂う遊園地の「愛のトンネル」ではないのだ。

ルリツグミの生息する米国西部の森が、どのようなサイクルをたどるのか見てみよう。森は成長し、成熟する。木々は昆虫、加齢、あるいは日照りによって蝕まれていく。老齢となり、死んで乾燥した木にうろがたくさんでき、巣として利用できるようになる。この時点では、ルリツグミにとって理想的な環境である。しかし、やがて雷が落ち、この木は燃えてしまう。焼け跡の灰からは雑草が生え、葉の多い植物が育ってくる。巣を失ったルリツグミは、次の世紀にも棲めそうな場所を別に探さなくてはならない。もっとも、種子は保存されており、木はたちまち復元する（自然界の時間感覚で言えば、だが）。そうした木々はまた成長する。昆虫やキツツキが穴を開け、巣になるうろができる。若い生態系で最初に開業するのは、チャカタルリツグミと同属のムジルリツグミだ。立ち枯れの木やうろの開いた木があっても、もっと成長した木立を好むチャカタルリツグミにとってはまだ最善な状態とは言えない。逆に若い木立を好むムジルリツグミは、この時期に平和な王国を築く。

だが年を重ねるにつれ、森はチャカタルリツグミにとって魅力的な場所になっていく。侵略するにふさわしい成熟した魅力的な森を発見するのは誰だろう？　もちろん、チャカタルリツグミの探検家である。だが、すんなりとはいかない。新世界には先住民がいるからだ。チャカタルリツグミがそこで生きるには、すでに生息しているムジルリツグミを追い出さなければならない。[5]

チャカタルリツグミは、欧州に侵攻したモンゴルの遊牧民のように西部へ飛んできて、かつてムジルリツグミが生息していた場所を侵略する、とダックワースは表現している。では、どうやって侵略したのか。チャカタルリツグミを成熟した森にうまく適応するスペシャリストと考えるのは理論的混乱の元である。理論では、分散するのが上手な種は、行った先に適応する必要が生じるから多種多様な環境にうまく適応して生息できるとされている。これはスポーツで言えば、攻撃と守備のどちらを主体にしたチームかということである。広く分散する種であれば、多くの場所に果敢に攻め込んで開拓するだろう。一方、特定の環境にのみ適応した種であれば、守備を固めて、その環境に侵入してくる万能選手を追い返す必要が出てくる。[6]

だが科学の世界ではありがちなように、簡潔で美しい理論は、自然界で実際に観察されるものとはかけ離れている。ダックワースはチャカタルリツグミの研究を続け、今度はモンタナ州の森で鳥に印をつけ、三回の繁殖期を観察した。ミドリツバメ（チャカタルリツグミを挑発させる）とメキシコマシコ（ミドリツバメの場合と比較するため、ただ鳥かごに入れておく）を用いるいつものやり方で、オスのチャカタルリツグミの攻撃性を評価した。そして、個々のチャカタルリツグミの気性と、夫や父親としての振る舞いを記録し、卵を抱く連れ合いのもとに運んだ餌の量を計測した。最後に、攻撃性のあるなしにかかわらず、どの鳥が最も子孫をつくるのに成功したかを検証した。[7]

実験では、攻撃的なオスは同類や競争関係にある他の生物種に対して等しく攻撃的に振る舞うことが確認された。家好きタイプのムジルリツグミを追い出したのもこれに含まれている。ダックワースによるこの観察は、個性が全体としてどのように機能するかを理解するのに重要なものである。

カダヤシと同様、ルリツグミの性格特性も相互に関係している――特定の状況下で特定の集団が有利となるように。それぞれの特性が互いを補強しあう。つまり、すぐれた侵略者となるには、たくましい旅人や探検家となったうえで、攻撃的な闘士にもなる必要があるのだ。これらを兼ね備えたものこそが生態系の秤《はかり》を傾かせて新天地を乗っ取ることのできる鳥であり、侵略の足場をつくるものたちなのである。ダックワースの観察によってわかるのは、攻撃的な闘士タイプは進化の過程で生まれるべくして生まれたということだ。というのも、新しく巣とする場所を勝ち取り、ひいては新天地を勝ち取るには攻撃的な闘士である必要があるからだ。自然選択の観点からすれば、攻撃的な探検家タイプは明らかな勝者なのだから、集団も次第にこのタイプで占められると考える向きもあるだろう。しかし、平和主義者である家好きタイプの鳥も集団内に残り続ける。なぜ攻撃的な鳥ばかりにならないのだろうか？

それを解明するため、ダックワースは新しい生息地に巣箱を設置し、そこに住み着く鳥の個性を調べた。予測されたとおり、新しい縄張りをコロニーとすることに最も成功したのは攻撃的な征服者タイプの鳥だった。[8] しかし、競争相手の生物種をすべて追い出して新天地に定着すると、状況が変わった。果敢な旅人たちは皮肉にも、ダックワースが当初調査したものと変わりのない、安定したコロニーをつくったのである。

フローニンゲン大学のクリスティアン・ボウスは二〇〇五年の時点で、ダックワースに似た研究に関心をもっていた。代々受け継がれていく行動によって、子供たちはどのような恩恵を受けるのだろうか。[9] 勇敢で攻撃的な征服者タイプの鳥だった場合、生存および繁殖においてどのようなコストと利益があるのだろうか。ボウスのチームは四年をかけて野生のシジュウカラを研究した。個体を短いあいだ捕獲しておいて、クインらの手法（第4章）と類似した室内探検テストを行った。このテストでは、どれくらい探検する傾向があるかを調べるため、人工の止まり木が五本ある部屋にシジュウカラを一羽ずつ入れた。そして、新しい環境をどれくらい積極的に探検してまわるかを調べた。合計で二二五羽分ものデータが集まった。大胆かつ勇敢な探検を行う傾向が、ヒナの巣立ちの成功やそのサイズおよび健康状態にどう影響しているかをボウスらは判定した。その結果、家好きの傾向が利益をもたらすことがわかった。このタイプのメスは、ほかのタイプより上手に巣作りして、大きなヒナを育てていたのである。

では、オスはどのような貢献をしただろうか。性格が正反対だとお互いが惹かれあうだけでなく、その子供には両方の良い部分が植え付けられ、好都合である。両極端の行動をとる両親から生まれたヒナは最も健康状態がよく、巣立ちの成功率も一番高かった。ダックワースの研究と同じようにボウスの研究でも、旅好きの探検家タイプは社会性が低いが良質な縄張りを獲得・征服するのに長けていた。一方、家好きのタイプは気配りのできる親になった。どちらの戦略にも利益があり、それを得るためのコストがかかる。そして現実の世界を背景に、戦略は個性の遺伝的多様性を維持する方向へ向かう。正反対の者が惹かれあい、多様性が維持されるのである。

集団としては、はじめは遊牧民のように新しい土地に突き進む旅好きの探検家タイプが好まれる。しかし、このタイプはほかの個体とうまく付きあうことができず、つがいの相手や子供の世話をするよりも戦いに多くの時間を割く。そのため、第3章で見た愛情深い家好きタイプに比べると、子供を生み育てることにあまり成功しない。コロニーが安定し、成熟してくると、さまざまな性格特性が組みあわさるなかで、探検家の特性は淘汰される。そうして集団にいっそう安定がもたらされる。

以上見てきたように、種の生態系ならびに種間の戦いは、集団に属する個体間の行動の違いによって推進されていると考えられる。これが意味するのは、動物の個性とは個体間の謎めいた違いがもたらす奇妙な現象ではないということだ。つまり、個体で観測される個性が創発特性や相互作用を生み、それが社会構造をつくり、生態系が動かされるのだ。集団の個性――つまり文化だ――もまた、環境の圧力によって磨き上げられる。これは、ガラパゴス諸島のダーウィンフィンチ類に見られるくちばしの多様化のような、進化の例をすべて挙げればすむ話ではない。性格型ごとに観測される行動の個体差は、生態系および進化の過程で見られる生理機能の差と同じくらい重要なのである。

第7章　生まれと育ちと

動物の個性研究に精力的に取り組むニールス・J・ディンジマンスは、シジュウカラに関する研究を数多く行っている。[1] そのひとつでディンジマンスのチームは、若鳥の分散がその性格型と相関関係があるかどうかを調べた。具体的には、野鳥を捕獲し、鳥たちがどの程度探索行動を行うかを実験した。ほかの研究と同様、捕まえた鳥の行動傾向を調べてから新しい環境に放ち、どの鳥に分散する性質が見られ、どの鳥には見られないかを確認したのである。ディンジマンスらは探索的性質を測定するため、それぞれの鳥を五本の止まり木がある密閉した部屋に入れた。勇敢な鳥は止まり木をピョンピョンと飛び移り、そのすべてに止まるが、臆病な鳥はそうではないだろうと考えられた。しかし、鳥にはそれぞれ違う個性があることを再確認するだけだったら、この研究は科学の発展に寄与しなかっただろう。ディンジマンスが注目したのは鳥の血統だった。親鳥の個性を確認し、その行動と子供の分散戦略に相関関係があるかを調べたのだ。

簡単に言えば、探検家の親鳥に育てられた子供にも探検や分散をする傾向が見られるのかどうかという疑問から生まれた実験だった。ほかの多くの研究と同様、若鳥の体格を測定したところ、巣立ち後に移動した距離と、体重やサイズ、孵化日とのあいだに相関関係がないことが確認された。ここでもまた、体格はその個体の生活戦略を予測する材料にはならなかった。ただ、勇敢で探検家的な親の子供のほうが遠くまで移動し、メスは特に移動距離が長いことが実証された。

遺伝と環境ではどちらの果たす役割が大きいか、つまり生まれか育ちかという論争はいまも続いている。だがディンジマンスの研究は、個性の発達には遺伝がきわめて大きな役割を果たすことを示した。あとを引き継いだオランダ生態学研究所のピーター・ドレントによる調査では、遺伝と性格型の関連性が簡潔に定量化されている。ドレントは、勇敢かつ大胆に探索を行う性質は、親から子孫に至るまで変わらなかったことを実証した。[2] 繁殖を行って世代間を比較したところ、個体が勇敢で探索的な性質をもつ要因は、五〇パーセント以上遺伝であることが明らかになった。旅行好きの遺伝子を文字どおり後世に伝えることで、探検家の偉大な文化が発展するわけだ。これは、シジュウカラ《グレート・テイット》であっても、英国《グレート・ブリテン》であっても変わりはない。

ケイラ・スウィーニーは、ピッツバーグ大学のジョナサン・プルーイット研究室と協力してアメリカクサグモ属のアゲレノプシス・ペンシルヴァニカ（*Agelenopsis pennsylvanica*）の研究を行った。アメリカクサグモ属のクモは、朝露に濡れる芝生に水平に網を張る。郊外の芝生に捕食者と被食者と個性が複雑にからみあう世界が姿を現す。スウィーニーはこのクモを対象に、捕食の際の攻撃性と大胆さがどう発達していくかを評価した。[3]

私は彼女の論文を読みながら、動物の個性を扱う学問が一般にさほど普及しないのは、科学者が頻繁に使う耳慣れない言葉のせいでもあることを改めて思い知った。スウィーニーらの研究は大変興味深く、八本足の生き物にもわれわれ二本足の生き物にも深く関係のある内容であるのに、専門誌に掲載された論文には理解困難なオタク語があふれている。たとえば、スウィーニーは「行動シンドロームの発生における相関選択および相違する生育環境」を評価した、と書いている。そして、調査データは（ネタバレ注意）「アゲレノプシス・ペンシルヴァニカの示す大胆性・攻撃性シンドロームは、相関選択によってではなく、環境により表現型の可塑性が誘発された結果として発現するという仮説と矛盾しない」と判断したという。[4]

　素人向けの言葉で説明しよう。スウィーニーのチームは、ペンシルヴェニア州の都会にある生け垣からクモを集めて箱に入れ、そのなかで生息して巣をかけられるようにした。そして、クモに対していくつか実験を行い、個性に違いが見られるか、生育環境がのちの行動にどんな影響を与えるかを調べた。各個体を三日間絶食させたのち、生後二週間のコオロギを巣に落とし、クモがコオロギを攻撃するまでの時間を計測した。スウィーニーらはご多分に漏れず、攻撃までの待機時間が短いほどその個体の攻撃性は高く、捕食者の個性が強いと推論した。クモが被食者となることもあるため、脅威に直面したときのクモの勇敢さについても評価された。クモの被食者に対する反応をテストするのは、オオカミやコヨーテに比べればずいぶんと簡単だ。オオカミなどの場合は大きな檻と長い布切れが何枚も必要になるが、クモには幼児用の耳洗浄バルブを用意するだけですむ。研究チームは、このバルブをクモを驚かせるために使った。まず、クモの背後にそっと近づいて空気を二回吹きかけて、逃げる、巣のなかに身を縮める、隠れるといった行動を起こさせた。そして、元の場所へ戻ってくるまでの時間を計ることで、勇敢さを判定した。合わせて、死に直面しても気丈さを保ち、被食者のように臆病に振る舞うのではなく冷静に脅威に対処できるかを判定した。

また、生まれと育ちの相互作用を検証するため、クモを捕獲してテストを行い、印をつけてから放した。そうすることで、変わりやすい自然環境で成熟したクモの個性を測定できる。その一方で、数世代のクモを同一のプラスチックカップでも育てるという妙案を編み出し、変化のない簡素な環境で育ったクモと自然界で育ったクモを比較した。

これまでの章からもわかるように、野生のクモには、勇敢な捕食者としての性質を示す個体もいれば、臆病で防衛的な性質を示す個体もいた。スウィーニーらが時間をかけてクモを追跡し、達した結論は、私たちにとってお馴染みのものだった。若いクモは成熟するにつれ、攻撃性や大胆さの特性が緩和され、攻撃する意志や、空気を吹きかけられたあとに巣に戻ろうとする意志も低下したのである。一方、研究室のプラスチックカップのなかで育てられたクモでは、各個体で攻撃性と大胆さに同様の変化は認められなかった。プラスチックカップという変化の少ない、簡素化された環境に生息することで、個性の遺伝的基盤が前面に出てきたのである。野生のクモはおおむね、日々の変化によって用心深くなったと判断された。つまりスウィーニーらは、環境がクモの個性を形づくったという結論に達したわけだ。これは遺伝の役割の大きさを証明したディンジマンスなどの研究と相反するものなのだろうか。生まれか育ちかの論争がふたたび起こっているのだろうか。遺伝の役割と環境の役割とは？

私たちはこれまで、環境の影響でPTSDになったイルカの例や、簡素な環境で育てられ、画一的な個性をもつに至ったクモの集団の例を見てきた。一方で、世代間で性格特性が受け継がれる例もあった。生まれと育ちでは、どちらが重要と考えればよいのだろうか。

遺伝学者で進化生物学者のテオドシウス・ドブジャンスキーが一九七三年に発表した重要な論文が、この問いに答えるための思考の枠組みを与えてくれる。ドブジャンスキーはそのなかで「進化という光を当ててみなければ、どんな生物学の知識も意味をもたない」[5]と述べ、動物行動学の行く先を決定づけた。これを簡単に言うと、進化は自然選択のプロセスなしには起こりえず、自然選択は変異や遺伝力がないと起こりえないということである。個体間での行動の違いが個性であり、遺伝力とは遺伝子によって伝えられるもののことを指す。

自然選択や進化がどのレベルでどのように機能しているかについては、リチャード・ドーキンスがその名高い著作『利己的な遺伝子』［日高敏隆他訳／紀伊國屋書店／一九九二年］で巧みに説明している。[6]ひとつの遺伝子にはひとつのタンパク質の組み立て方を示すコードが書かれているにすぎない、とドーキンスは説く。ゲノムには体をつくるすべてのタンパク質の設計図が含まれており、行動を生み出す神経ネットワークの設計図もそこにある。

生命は、定義するのに注意が必要な言葉だ。しかし、生命はなんらかの生化学的なまとまりを自己複製するプロセスである、とは言えそうだ。ドーキンスの考えでは、最も重要な「まとまり」は遺伝子である。なぜなら遺伝子は、生化学的に最も基本的なレベルの情報を含んでいるからだ。動物は自分自身を複製するために遺伝子をつくるという考え方にドーキンスは立ち向かった。真実は逆で、むしろ遺伝子が遺伝子自身を複製するために有機体をつくっていると主張した。そうした発想に立つと、個人も、家族も、生物種も、社会も、基本的に遺伝子が目的を達成するための手段に見えてくる。どんな生物有機体も一過性のはかない存在であるが、それをつくる遺伝子はほぼ永遠に残る。あなたは遺伝子の利益のために身を捧げる宿主である。だが、もしあなたが生殖活動を行わなければ、遺伝子はそこで絶える。私たち動物と遺伝子が互いに利益をもたらす関係であるところに、生命の不思議な魅力がある。

突き詰めると自然選択とは、ある遺伝子が複製される一方で、別の遺伝子が終わりを迎えるプロセスのことである。それがある特定の環境で有益となる特性（勇敢な探検家など）を生む遺伝子であれば、その遺伝子は残り続ける。しかし、何よりおもしろいのは、ルリツグミやシジュウカラの例でもわかるように、自然選択は短期的には特定の性格の遺伝子を残すように見えるが、長い目で見ると多様性が保たれることである。この章では、遺伝子、環境、それに複雑な個体差（個性として表れる）の相関関係を検討していきたい。

フローニンゲン大学のクラウディオ・キャレルによる仕事は、オランダに端を発する個体差や動物の個性の研究の進歩を示す最上の例と言える。[7] キャレルと同僚たちは、欧州人が一番親しみをもっているシジュウカラを使って、性格型の一貫性を検証した。オランダのヘーテレンにある陸域生態学研究所でシジュウカラを孵化し、幼いヒナ（生後二か月未満）と成鳥を使って実験を行った。

ほかの実験と同様、まず各個体を新しい部屋に入れ、怖じ気づくのか、用心深くなるのか、それともすぐさま活発に探検を始めるのかを判定した。次に、オスの個体を侵入してきた別のオスと立ち向かわせ、攻撃性を評価した。最後に、オスまたはメスの個体をケージに入れ、その両隣にそれぞれメスとオスとオスの個体を入れることで性的嗜好を検証した。性的嗜好の調査は、実験対象の個体がオスとメスのどちらと長く過ごしたかを記録しただけだった。キャレルらはシジュウカラを繰り返し実験し、時間をかけて探索行動を測定した。また、七か月の間隔をおいて成鳥の攻撃性を二回測定したのち、すべての個体で性的嗜好の測定を行った。

シジュウカラは、大胆ですばやいグループと臆病で無気力なグループに分類された。「すばやい探検家」は攻撃的で、大胆に探索を行い、外部刺激ものともせず、習慣に従って行動した。このタイプはマイヤーズ・ブリッグス・タイプ指標で言うとESTJ型（外向、感覚、思考、判断）に近い。シェイクスピアの分類で言えば「生まれつき偉大な」タイプだ。一方、「無気力な探検家」は消極的で、あまり攻撃的ではなく、臆病で、外部刺激の影響を受けやすく、環境に合わせて自らの行動を調節する。いわば、思春期直前の子供のダンス大会でずっと壁際にいるようなタイプで、異性の個体にアプローチするのに「すばやい探検家」よりも時間がかかった。INTP型（内向、直観、思考、知覚）に近く、シェイクスピアの分類で言えば「偉大さを押し付けられる」タイプに当たる。

シジュウカラの個性は一貫していたものの、時間によって形を変えた。急変したりまったく別物になったりしたわけではないが、家好きタイプなど一部の鳥は、年をとるにつれて勇敢さや大胆さが増した（もともと勇敢な鳥にはおよばなかったが）。勇敢なタイプのシジュウカラにはさほど変化は見られず、若鳥も成鳥もほぼ同じ行動を取った。

そして、ここからが本章のテーマに関わるのだが、キャレルのチームは実験の一環としてちょっとした「インチキ」をした。つまり、実験に用いた個体は人為的な選別を経たものだったのだ。キャレルらは実験を行う前に、探検家タイプになりそうな個体となりそうもない個体を選んで育てておいた。探検家タイプ同士を四世代にわたってつがわせ、その各個体を実験に用いた。そうして遺伝子の系列を選別し、家好きタイプより七、八倍早く新しい環境を探索しはじめる探検家タイプの若鳥をつくりだしたのである。

研究チームがここまでしたのは、私たちが本書のなかで何度もぶつかった疑問を解決したかったからだ。すなわち、動物が特定の性格型をもつようになるのは、生まれと育ちのどちらが原因なのかという疑問を。彼らは鳥を特定の性格型に育て上げて、個性には遺伝的要素が確かにあることを証明してみせた。だが、果たして遺伝はどの程度マインドコントロールができるのだろう。

遺伝子が、「大胆な探検家」などといった特性に与える影響をどう測定すればいいのか？　品種改良の実験で遺伝子の役割を測定する場合、よく使われるのが遺伝率の概算である。できるだけわかりやすく説明すると、遺伝率とは集団内の特性のばらつきを遺伝要因と環境要因に分けた場合、遺伝要因の割合を計る尺度である。単純な例として、人間の身長を考えてみよう。もしヒトの身長が子供の頃に摂取した栄養によって完全に決まるとしたら、遺伝率はゼロである。これに従えば、配給を受けるほど食に困っている子供であれば身長がとても低い大人になるだろうし、十分な栄養が与えられている子供であれば身長がものすごく高くなるはずだ。反対に、成長段階で何を摂取してもみんながまったく同じ身長になったら、遺伝率は一・〇（一〇〇パーセント）となる。実のところ、私たちには親の身長と近くなるようにプログラムがあらかじめ組み込まれているのだが、栄養などの環境要因によって遺伝的な潜在能力やそれ以上のものを発揮できるかどうかが左右されるのである。行動とは、遺伝子地図［染色体上の遺伝子の配列を示したもの］と環境の影響が相まって生じたものである。さきほどのシジュウカラについて言うと、探索的行動の遺伝率は五四パーセントとされている。これは、探索的行動のばらつきのうち、遺伝が要因となる割合が五四パーセントであり、環境は四六パーセントであることを示している。科学者たちはこれまで、生まれか育ちかという問題から目をそらしてきたが、その両方の影響が数値化されるようになってきている。どこまでが遺伝による制御で、どこからが環境の影響なのかを突き止めるため、場合によっては、数年かけて何十世代もの研究が行われることもある。

特定の性格型を示す個体をつくるため、野生の動物を用いた交配実験が行われることがある。なかでも有名なのは、ロシアの科学者、ドミトリ・K・ベリャーエフがロシアに生息する野生のキツネを使って、従順な個体を育てた実験だ。ベリャーエフは、一九五〇年代に交配プロジェクトを開始し、一九八五年に亡くなるまで続けた。[8] この計画は何度も報道で取り上げられ、大きな注目を集めた。なついたキツネがとてもかわいいというだけの理由かもしれないが。ベリャーエフはノヴォシビルスクの細胞学・遺伝学研究所で、野生の動物が家畜になるまでの進化の経路を再現することにした。実験に使ったのはアカギツネの黒色変種で、毛皮を取るために何世代も飼育されてきたものだ。このプロジェクトは、開始時に研究所のインターンだったリュドミラ・トルートによっていまも継続されている。

　時間をかけてキツネが選抜された。選んだ基準は毛皮ではなく、ケージを開けたときにどのような反応を示すかだった。大半のキツネは当然警戒し、走って逃げるという選択をしたが、約一〇パーセントのキツネはあまり「野性的な反応」を見せなかった。つまり、人を恐れない従順な個体が少数いたのである。トルートは、人なつっこく、触れられるのを嫌がらない性質をほんの少しでも見せた個体を選抜した。そして、ケージで生育するキツネの集団から攻撃性や恐れは消えるのか、消えるとしたらいつなのかを確かめた。隅に隠れたり、攻撃的な声を出したりした個体は実験から除外した。

　敵意を見せなかった個体からメス一〇〇頭とオス三〇頭を第一世代として選抜し、交配させた。そうして厳密な選抜を行っていくうち、行動や生理面に早くも変化が見られた。第四世代になると、子ギツネが人間に対して尻尾を振るようになった。[9]世代を経るにつれ、どんどん家庭で飼われるイヌのようになり、第六世代になると、子犬のように尻尾を振り、鳴き声をあげ、人をなめる個体も現れた。

　こうした変化において、遺伝の果たした役割は大きかった。飼いイヌのような愛嬌をみせた子ギツネの割合は、第六世代では一・八パーセントだったのが、第一〇世代では一八パーセント、第二〇世代では三五パーセントになり、第三〇世代では四九パーセントにまでおよんだ。そして、長期にわたる実験で一万五〇〇〇頭のキツネを交配し、五万頭の子供をつくったのちには、驚くべきことに、ほぼすべてのキツネが人になつくようになった。マルティンという名のキツネのように。

ロシアの春の朝にうっすらとかかる靄《もや》のように、耳や目の色は薄らいで、銀白色に変わっている。ちらちらと波打つその毛並みに、思わず手を伸ばしてなでてやりたくなる。マルティンは、子犬のようなその柔らかい表情や毛並みのほか、人にじゃれつくようすにも幼形保有――成熟しても幼体の特徴を維持すること――がはっきりと現れる。なでたりマッサージされたりするのを喜んで受け入れ、その手をなめる。額から目のあいだを通り、鼻口部で広がる白い部分に、真っ黒な鼻がアクセントになっている。鼻の上側には、オーストラリアン・シェパードのブルーマールの毛色に見られる明るい部分のような鋼色の斑点が少し見られる。イヌではないものの、象牙色の尻尾を振りながらじゃれつく姿や白い靴下に飛びつくようすは、喜びを抑えきれない子犬そのものだ。ニュース専門テレビ局「ロシア・トゥデイ」によれば、マルティンはモスクワのアパートでラリーサ・ロザノフに飼われているという。[10]

行動特性だけにもとづいて行われたロシアのキツネの繁殖は、ほかにも交配によって遺伝的な従順さを身につけた重要な動物がいることを思い出させてくれる。「人間の最良の友」、イヌである。イヌにはチワワからアイリッシュ・ウルフハウンドまでさまざまな体格のものがいて外見に目が行きがちだが、私たちの心をつかむのは、笑顔を見せたり、なめたり、寄り添ったりしてくる飼い犬の気性なのではないだろうか。ベリャーエフは人間が飼いイヌをつくりだした方法について、何を教えてくれただろう？　かつて穴居人たちはオオカミのねぐらから人なつっこい子供を盗み出し、五〇年かけて交配し、グレッチェンやマルティンのようなイヌをつくりだしたのだろうか。その答えは、「イエス」とも「ノー」とも言える。ヒトとオオカミが絆を築くのに、ヒトの決断だけでは十分ではないからだ。そこにはオオカミ（イヌ）が果たした役割も間違いなくある。[11] つまり、単に私たちが彼らを選んだのではなく、ヒトといるのが好きなイヌが私たちを選んだという側面もあるのだ。彼らは、種を超えた協力関係を築くことを自らの意志で選択した。ヒトとイヌが協力関係を築くことができたのは、ほかの個体を助け、仲良くなり、協力しあう能力がそれぞれにあったからだ。ヒトと仲良くするのに長けたイヌたちが、飼い犬になった。一方で、用心深く、よそよそしいイヌもまだ存在し、オオカミと呼ばれている。

遺伝子や環境の影響を受けたとき、どの個性が変わらずに見られ、どの個性が消えてしまうのか。こうした研究は、わがヨーロッパの友、シジュウカラでも行われている。そこでふたたび登場するのが、驚異的な研究を行うニールス・J・ディンジマンスと同僚たちだ。ディンジマンスらは、シジュウカラを対象に行った過去の研究を発展させ、一定の期間をかけて調査した場合にどの性格型が生き残るのかを確かめた。[12] まず彼らが関心を示したのは、さまざまな性格型の生存や繁殖に対して、環境がどのような影響を与えているかだった。実験に用いるシジュウカラの個体は、オランダのヴェスターハイデ自然保護公園の集団から捕獲した。実験計画はお馴染みのもので、止まり木のある部屋に鳥を放ち、どれくらい積極的に探索するかを測定する。その後、各個体に識別のため数字のついたリングをつけて元の場所に放ち、三年間、自然の成り行きにまかせた。

探検家であることにどんな利点があるのかは、状況によりけりだった。一九九九年と二〇〇一年は、大胆なメスの個体にとっては良い年になった。探検家タイプのメスの生存率は、臆病なメスよりもはるかに高かった。しかし二〇〇〇年は、探検家タイプのメスには散々な年になった。その多くが死んだのである。オスはそれと正反対の結果になった。探検家タイプのオスの生存率は一九九九年と二〇〇一年に大きく低下したが、二〇〇〇年には非常に高くなった。生存や繁殖が環境条件や個体の個性と関連して変動したのは間違いないが、それはなぜなのだろう。

原因は食料にある。つまり、ブナの実だ。ブナの木は年によって、実のなる量が変わる。大量の実がなった年には、シジュウカラも食料にありつくことができるが、そうでない年には飢えるしかない。

一九九九年と二〇〇一年の冬はブナの実があまりならず、食料が乏しかったのだろうとディンジマンスらは考えた。反対に、二〇〇〇年は栄養のある食料に恵まれたのだろう。ブナの実が多くなった年は、食料をめぐる争いが減り、子供が多く生き残る——だが、それによって翌年は縄張りをめぐる争いが増える。

その結果、シジュウカラが受ける圧力は、オスとメスで違ってくる。シジュウカラの繁殖はメスが多くを担う一方、オスはメスを守り、縄張りを確保するために戦うからだ。食料の奪いあいが起きると、直接的な影響を受けるのはメスである。食料が豊富なときは、家好きタイプのメスは自分やその子供を太らせることに集中してその役割をうまく果たす。一方、探検家タイプは、食料が少なくなり、探しにいく必要があるときに良い働きをする。しかし、オスが受ける圧力は、それとは別物だ。オスは縄張りを獲得し、それを守ることが一番の務めであるため、縄張り争いにより大きな影響を受ける。つまり、こういうことだ。攻撃的な探検家タイプのオスは、食料の乏しい年に控えめな競争相手を打ち負かすことで利益をもたらす。一方、家好きタイプのメスは、食料が豊富な年にそれを最大限活用することで良い働きをする。環境が変化するということは、勝者となるタイプはいないことを意味しているのである。[13]

科学者たちはいまや、いたるところで個性と環境や遺伝子の関連性を示す例を目の当たりにしている。ドニ・レアルらの研究もその一例だ。レアルらは、カナダに生息する野生のオオツノヒツジの集団を対象に、競争する環境が異なった場合、メスの性格型の違いによって得られる利益がどう変わってくるのかを研究した。[14] オオツノヒツジを捕獲するため、囲いを用意して、そのなかに餌と塩の塊（栄養分を求めるヒツジを惹きつけるため）を置いた。囲いがヒツジでいっぱいになると、研究者たちはドアを閉め、柵を跳び越えてなかに入った。そして、角をつかみ、目隠しと足かせをして動けなくした。こうして捕まえているあいだに、検査担当者が各メスの健康状態、体重のほか、乳房の張りによって生殖状態を確認した。

ヒツジの身体面をある程度把握したところで、次に行動に関する調査が行われた。レアルらが最初に測定した行動特性は大胆さだった。大胆さは普通、勇敢さの指標と考えられるものだ。メスの個体が居馴れた隠れ場を離れ、囲い罠に入ろうとするかどうかで、その評価が行われた。一部の大胆なメスは、ためらいなく囲いに駆け込んだ。一方、臆病なメスはゆっくりと近づき、入ったり出たりを何回か繰り返したあと、ためらいがちに餌に近づいた。従順さについては、ヒツジが捕まえようとするヒトに対してどれだけ攻撃的に抵抗したかをもとに、スコアをつくって評価した。カウボーイのカーフ・ロープピングさながらにヒツジを捕まえるようすを見て、評価が行われた。捕まえるときにメスが自分から寝そべった場合、〇ポイントとし、抵抗した場合は一ポイントとした。また、ねじ伏せるのにどれだけ労力を要したかによって、〇から二ポイントを与えた。その他、地面に押さえつけておく大変さで〇から一ポイント、足をしばる難しさで〇から一ポイント、移動させるときの抵抗の大きさで〇から二ポイントを与えた。七ポイントから獲得した合計ポイントを引き、七ポイントのままであれば最も従順なメス、〇ポイントとなった場合は最も荒々しいメスとした。

数年をかけて観察し、データが収集された。すると、メスの個体によって大胆さの程度に一貫した違いがはっきりと認められるようになった。大胆さの遺伝率は〇・二一だった。つまり、大胆さの個性に関する集団内のばらつきのうち、二一パーセントは遺伝によるものだったわけだ。また、従順さは、年をまたいでも同じ個体で再度認められる確率が高かった。ただ降伏するだけのメスもいれば、攻撃的に立ち向かってくるメスもいた。おもしろいことに、従順さと大胆さのあいだに負の相関関係はあまり認められなかった。これは、遺伝子のゲームを考えるうえでも注目すべき点である。大胆なメスは攻撃的な闘士の性質を示す傾向がある一方で、囲いにおずおずと入ったメスが攻撃的な戦う姿勢をとることはなかった。

最初に検証を行ったとき、自然選択の勝者となったのは大胆なメスの個体だった。大胆なメスは探索を多く行うことで新たな食料に早くありつき、繁殖を始める年齢も臆病なメスより早かった。

大胆な選択のおかげで良好な健康状態が保たれ、離乳もうまくいった。

だが、ピューマが近くに移り住んでくると状況が変わった。にわかに捕食の対象として集中的に狙われるようになり、ピューマが近づいてくるのが見える安全な露出岩から向こう見ずに飛び出していくものがいると、むごたらしい結果がもたらされた。反撃を試みる強い性格のメスが何頭いても、ピューマの待ち伏せ攻撃の前にはまったく無力だった。食う側が食われる側に逆転し、かつて十分な栄養を得ていた個体が餌食になった。性格型は遺伝するために、ピューマの出現がオオツノヒツジの集団にいる勇敢で大胆な闘士の心に火がつけてしまうからだ。シジュウカラでも、ルリツグミでも、オオツノヒツジでも、こうした事例は増え続けている。毎年、時に応じて正反対の性格型を選択することで、自然は集団のなかに複数の個性が確実に残るようにしている。最良の個性をひとつ残すのではなく、多様性を保つよう集団に圧力をかけているのだ。絶えず変化する環境のなかで生じる遺伝子と自然選択の相互作用のおかげで、すべての生物種が今後も多様性を維持しつづけるだろう。

将来、個性を決める単独の遺伝子が特定されることはあるのだろうか。それとも、行動をコントロールする遺伝子はチームや軍隊のようなものなのか。そもそも、見つけることは可能なのだろうか。個性を細大もらさず明示するためには、遺伝子をタンパク質と、タンパク質を行動と関連付ける仕組みの説明が必要だと主張する人もいる。すでに、動物の個性に関係があると見られる数個の遺伝子に対して、研究者の注目が集まり始めている。その一例が、分子精神医学者のあいだで「冒険遺伝子」として知られるドーパミンD4受容体遺伝子（DRD4）である。[15] この遺伝子は数多くの脊椎動物種において、新奇なものの追求や探検志向など、大胆さの程度に影響を与える。[16] DRD4にはさまざまな変異体があることや行動に影響を与えていることが、ニワトリ、ウマ、イヌ、サバンナモンキーで確認されており、集中して研究に取り組む価値のある遺伝子だと言える。

たとえば、マックス・プランク鳥類学研究所（ドイツ、ゼーヴィーゼン）のペーター・コルステンらは、海などによって地理的に隔てられた集団を比較して、DRD4にどのような違いが認められるのかを調べた。この研究では、オランダ、ベルギー、英国のシジュウカラが、それぞれサンプルとして用いられた。実験方法は前に紹介したものと同じだ。すなわち、野原で個体を捕獲し、実験用の部屋に放して、新しい環境でどんな動きをするのかを記録したのである。行動観察に加えて、血液や羽のサンプルを採取し、集中的な遺伝子解析に使用した。

オランダのヴェスターハイデ自然保護公園に生息するシジュウカラの集団では、DRD4と探索行動とのあいだに正の関係が認められた。オランダのほかの集団では、DRD4と個性に比較的弱い関連性が見られた。だが、ベルギーと英国の集団で認められた結果は、研究者たちを困惑させた。DRD4の状態と個性になんの関連性もなかったのである。ある集団では遺伝子が鍵を握っているように見えたが、別の集団では遺伝子の作用がまったく認められなかった。これは控えめに言っても、不可解としか言いようのない発見である。一部の集団では、ひとつの遺伝子が個体の個性に大きく作用している可能性があるが、集団内だけでなく集団間でもばらつきがあることから、その作用はより複雑なものだと考えられる。自然選択はさまざまなやり方で圧力をかけている。ある個体がその時期と場所に適切な特徴をもつことで「勝つ」こともあれば、さまざまなタイプの個体のいる集団がほかの集団に打ち勝つこともあるのだ。

そして、遺伝子レベルでヒトと動物を比べたとき、私たちはまたしても多くの類似点があることを発見する。DRD4遺伝子はヒトの探索行動とも相関関係があるのだが、その関連度合いは集団によって異なり、なかには関連性が認められない集団さえある。環境がどのような役割を果たし、さまざまな遺伝子がどう作用しているのかは謎のままだ。行動や個性に関わる遺伝的要素はあるのだろうか？　それは間違いなく存在する。だが、「探検家」や「臆病」に該当する遺伝子や、個体の気質を決めるような遺伝子のセットが見つかることはあるだろうか？　その可能性は低い。個性と遺伝の相関関係は、今後も多くの科学調査に素材を提供してくれるだろう。

衝動的に毛をむしる行為はヒト、イヌ、ネコ、マウス、ラット、モルモット、ウサギ、ヒツジ、そしてジャコウウシにも見られる。[17]ヒトでは抜毛症《ばつもうしょう》と呼ばれており、米国の男性のおよそ一・五パーセントと女性の三・五パーセントが罹患している。頭髪、眉毛、まつ毛、あごひげ、陰毛など、この症状で抜かれる毛はさまざまだ。なんらかのストレスにより起こることが多く、毛を抜く行為がある種のガス抜きになっている。

こうした行為は実験動物もやっているから、私たちはそれが何なのかもっとわかっていてもおかしくない。原因はおそらく環境なのだろうが、ケージに入れられた環境というのは、世話をするスタッフが近くで目を光らせ、心理的な変化をチェックしていることでもある。たとえばマウスはときどき床屋になる。脚や唾液を使って憑かれたように自分の毛をなめたり噛んだりするだけでなく、頼まれてほかのマウスの毛をつくろったり、噛んだり、むしったりすることもある。

ユタ大学の細胞生物学者、シャウクワン・チェンらは、遺伝子から行動へと直線的につながる機構経路をたどる研究を行った。[18] きっと、レネ・ダックワースは大いにうらやむことだろう。ダックワースは野放しにした鳥が自然の多様性にどう反応するかを集中的に調査したが、チェンらが用意したのは閉鎖循環式の環境だった。それによって手がかりがつながり、大きな成果に至ったのである。チェンが着目したのは、Ｈｏｘｂ８遺伝子が変異したマウスに見られる強迫性の毛づくろいだった。

チェンらは床の振動モニター装置を用いて、ケージにいるマウスのあらゆる活動を記録した。コンピュータ・アルゴリズムを用いて振動パターンをマウスが行った活動（飲む、食べる、子育てをする、登る、運動する、動かずにいる、毛づくろいをする、引っかく）に翻訳することで、何百時間分もの観察を行い、評価した。行動の分析をするのに、マウスにまったく干渉する必要はなかった。過剰な毛づくろいを定量的に評価し、その行為で禿げた箇所や負傷した箇所を計測した。

Ｈｏｘｂ８変異マウスの初回の観察では強迫性の毛づくろいをする傾向が認められた。しかし、遺伝子の変異がどうやってそのような行為を引き起こすのだろうか。Ｈｏｘｂ８遺伝子は、ミクログリアという細胞遺伝情報を暗号化して保持している。ミクログリアは脳や脊髄に存在し、感染に対する第一線の防御を担う。Ｈｏｘｂ８遺伝子は骨髄で機能し、ミクログリアはその骨髄でつくられる。

何が何にどう関わっているのかを見きわめるため、研究室で育てた、特定の遺伝系統に属さない正常な（いわゆる「野生型」の）マウスを対照群として用いた。これらのマウスには、変異をもつマウスに認められる過剰な毛づくろいをする傾向は見られなかった。遺伝子が行動に作用するメカニズムを突き止めるため、それぞれのマウスのグループに骨髄移植を行った。正常な骨髄を移植された正常なマウスは、変わらず正常な活動を続けた。一方、Ｈｏｘｂ８変異マウスにも同じ骨髄を移植したが、過剰な毛づくろいはおさまらなかった。今度は正常なマウス一〇匹に「欠陥のある」骨髄を移植したところ、二匹に禿げた箇所ができ、一〇匹全部が対照群のマウスと比べて毛づくろいの行動が増加した。

行動障害は遺伝子治療によって治すことができるのだろうか？

正常な骨髄を移植したＨｏｘｂ８変異マウスのグループでは、移植後数週間は毛の抜けた箇所が増え続けた。しかし、およそ三か月後には、同グループの一〇匹中六匹において、毛の抜けた箇所で広範囲に毛が生え、傷が回復した。毛づくろいをする回数が著しく減少し、強迫症状のない正常なマウスと同じくらいになった。骨髄移植を受けたマウスのうち四匹は完全に回復し、対照群の正常なマウスと見分けがつかなくなった。チェンらは少なくとも問題となるひとつの行動特性について、原因となる遺伝子を特定し、その行動を正す遺伝子治療を見つけたのである。これは、ひとつの遺伝子のひとつの行動に対する作用であり、性格型に比べると、ごく限定的な話ではある。そういう意味では小さな一歩かもしれない。だが、科学はこうして、私たちのアイデンティティをつくる遺伝的・生理的なメカニズムの解明に一歩ずつ近づいているのだ。

遺伝子が体や行動をどのように制御するのか、という疑問がレネ・ダックワースのキャリアを決めた。彼女の発見を時系列でたどっていくのはとても楽しい。研究全体が、見事な推理が展開される波乱に満ちたミステリー小説のようだ。彼女ははじめチャカタルリツグミにおいて、攻撃的な個性や体格と、生息地の選択とのあいだに関連性があることを発見した。そして、攻撃性が有害に働くようすを観察した。好戦的なルリツグミは出産をうまく管理できていなかった。子育てのスキルがないのなら、この鳥は絶滅しているはずではないのか。ダックワースは、攻撃性と環境のあいだにある関連性を見つけだし、チャカタルリツグミとムジルリツグミの争いを確認することで、この謎を解決した。ダックワースはこの成果を得て、ホルモンなど行動の至近の要因と、進化がいかに遺伝子の発現の仕方を決めていったのかという根源的な要因とを結びつけようと試みた。彼女の考えが、実験用マウスとロッジポールマツくらい遠く離れた領域間にまたがるのはそのためである。

普通、進化生態学者は、根源的メカニズムについて何千年というスパンで考える。なぜ生物はいまの形になったのかを長期的視野に立って追求するものなのだ。しかしダックワースは、分野の隔たりを超えて至近のメカニズム——ホルモンや遺伝子、あるいは個体の変異を引き起こす特定のメカニズム——についても言及する。「ストレスよ」と彼女は説明する。「特に子宮内のストレスね[19]」。大半の進化生態学者はそんなふうには考えず、自身たっぷりに直接的原因を名指ししたりはしない。だが、創造力に富む自信家ダックワースは、分野を軽々と飛び越える。視野を拡げることで、幅広い知識の恩恵を受けているのだ。個々の分野が別の分野の手法を活用できるからだ、と彼女は言う。

「私たちは神経内分泌系についてもっと知るべきだと思う……個体のレベルで」。彼女は好んで分野のあいだに橋をかけて渡る。また、科学者たちがヒトについて学んできたことを進んで取り入れる。ヒトの脳に関することは、動物の脳にも当てはめられるのを私たちは知っている。

擬人化することに不安はないのか、と尋ねてみた。研究所のまわりにいたネコを擬人化していたら、指導教官に怒鳴りつけられたことがある、と彼女は言った。そんなふうに、擬人化に対する揺り戻しも経験した。だが、科学者として一定の地位を築くと、彼女の考えは固まった。「科学には、一方向に振り切れることが多いような気がするの」と彼女は言う。モーガンの時代はおそらく、科学者による擬人化があまりに横行していたのだろう。その反動で、今度は反対側に振り切れてしまったのだ、とダックワースは考えている。これは私が話を聞いた、ほかのどの若い科学者とも同じ意見だ。ヒトの脳が、別の種とは異なる考え方や感じ方をすると言ってしまえば、「行動の進化的側面を否定することになる」という。心はみなそれぞれ異なると認めたうえで、「課題となるのは類似点を探ることね」と彼女は言う。彼女は今、この構想に夢中で取り組んでいる。これまで、制約によって「研究が妨げられて」きたからだ。

擬人化の最大の危険は、すべてを人間の尺度で判断してしまうことだ。「心というものを進化の文脈で考えた場合、動物の脳が私たちのものと同じ働きをすることは認めざるをえない」と彼女は言う。私たちヒトとほかの動物との類似点について、科学は構造や行動の面から指摘することができる。だからといって、ほかの生物種が私たちとまったく同じように世界を経験していると、無条件に推定することはできない。この手法にはある程度のバランスが必要なのだ。「人をＭＲＩで調べれば、脳の機能については多くを知ることができる。でも、動物相手だと普通はそううまくいかない。野生動物などもちろんのこと」。また、進化生物学者は心理学者や神経学者から学ぶだけでなく、野生動物学者からも学ぶことができる、とダックワースは考えている。ヒトの行動を説明するときは調査や自己評価の結果を基準にしがちだが、ルリツグミと同じ方法でヒトを観察したらどんな知見が得られるだろう、とダックワースは考える。考え方や言語に一定の許容範囲を設けた比較手法を用いれば、確実にその理解は深まるだろう。

ダックワースは頼んでもいないのに、個性に関する辞書の定義を読み上げた。「『時間や文脈を超えても一貫して認められる個人差』。良い操作的定義ね」。そしてこう続ける。「でも、個性について持論を言わせてもらうと、結局のところ……体の器官や構造とつながりのある特性が、真の性格特性だと思うわ」。彼女はいま、遺伝子がどうやって性格型をつくるかという、遺伝子の後成的な働きの探求を究極の目標としている。その途上で目下、力を入れて取り組んでいるのが、胎児の初期発生に対する影響だ。くわしく言うと、母親の受けるストレスが子供の生理機能や行動にどのような影響を与えるか、という問題である。

ダックワースはその実例として、第二次世界大戦中にオランダで起こった食料不足の影響について教えてくれた。欧州での戦争に終わりが見えた頃、ドイツはオランダに対し、すべての食糧補給路を寸断することで制裁を加えた[20]。一九四四年一一月にその制裁は解除されたが、今度は早期の寒波に見舞われて国が麻痺状態に陥った。運河が凍りつき、西側の農村部から東側の都市部への食料輸送が不可能になったのである。食料が尽き、大人に対する配給は厳しく制限せざるをえなくなった。一九四三年時点では一日一八〇〇キロカロリー分の食料が配給されていたが、一九四四年一二月から一九四五年四月にかけては、それが四〇〇キロカロリーにまで落ち込んだ。妊婦や授乳中の母親には当初、余分に食料が配られていたのだが、飢饉が一番ひどくなる頃には同じく飢えに苦しむことになった。一九四五年五月初めにオランダが解放されると、ようやく救援物資が届くようになった。

詳細な医療記録を用いて、この飢饉の初期、中期、後期に母親の胎内にいた子供の追跡調査が行われた。その結果は驚くべきものだった。調査対象とした二四一四人のうち、胎児の発育初期に母親が食料不足にあっていた子供は、冠動脈心疾患や肥満、糖尿病にかかりやすくなっていたのである。

母親が妊娠中に飢えに苦しんでいた場合、子供は食料の少ない過酷な環境に対処するために、糖分を貯めやすい体質で生まれてくる。これが、心臓の働き方や、体内での糖分の処理のされ方に生理学的影響を与える。飢饉に備えた体質で生まれてきたオランダの子供たちは、食料に不自由しない世界で生活することになった。生理学的な影響と行動による影響によって、肥満や心疾患、糖尿病にかかりやすくなったのだ。

ダックワースはこの調査結果から、体はこれから生きる可能性の高い環境に合わせてセットされているのだと考えた。「遺伝子が範囲を決め、環境がその範囲のなかで動物がどう遺伝子を発現させるかを決めるのよ」。予測不可能な遺伝子の発現と環境の変異は、運まかせのゲームだ。生まれと育ちの混沌のなかから、かけがえのない個体が否応なく生まれるのだ。

第8章　利己的な群れ、寛大な遺伝子

ネヴァダ州にある標高約三九八〇メートルのホイーラー山に、息子とハイキングに行ったときのことだ。途中で一四歳になる息子からこう質問された。なんでこんなにたくさん動物がいるの、なんでひとつの完璧な動物種だけにならないの、と。おまえは進化の頂点にいて、このうえなく完璧だと思うよ、と私は説明した。息子はおざなりにやれやれという顔をし、私たちは山を登り続けた。六、七〇〇メートルほどを登って、山の草原から樹齢四〇〇〇年にもなる一本のイガゴヨウの前まで移動した。登っているあいだに、種のコラージュは刻々と変わっていった。やがてモミの木がなくなり岩や石ばかりになったが、岩と岩のあいだには目にも鮮やかな花や緑が見えた。残雪からしたたる水を吸って生きているのだ。

山間の谷の、影になっているところへ入った。氷が溶けずに、夏になっても残っている。しかし尾根の裏側では、日がじりじりと照りつけ、雪を霧に昇華させていた。北側から南側へ山を少し越えただけで、大きく様変わりする。山のふもとを漂う砂漠の濃い空気と、頂上の薄い空気ではさらに差がある。この山には、さまざまな気候や微気候が文字どおり数メートルごとに存在する。それぞれの地点に、どの種が一番適応するかを考えるのは難しい。ヒトは、衣服をつくるなどして行動を広げてきたが、それでも山の頂上で生きようとはなかなか思わない。

地球が驚くほど多様な生物であふれているのは、世界がこんなにも複雑だからである。地理的な複雑さに時間の気まぐれが加わると、複雑さは何倍にも膨れ上がる。それぞれの種からしたら、不確実な環境を前にくじ引きをしているようなものである。

物をつかめるサルの尻尾やダーウィンフィンチのくちばしのように、身体的な適応には特定の環境に生息するうえで明らかに強みとなるものがある。しかし、身体的な変化は氷河の前進や後退よりも時間がかかる。そこで、身体的特徴の進化のみで可能になるよりも早く、個体が環境に適応できるようにするのが行動である。種における行動の違いや個性が、小さな進化として重要になるのはこのためである。行動は、単なる生態学的な付け足しでも、生理機能の範囲内に収まるものでもない。行動によって動物は、生理機能の制約を超えることができる。イルカが鼻を守るために海綿状のものを生やすには、あるいはカレドニアガラスが道具として使うためにくちばしから棒状の隆起を伸ばすには、どれくらいのエネルギーが必要になるだろう。はたまた、どれだけ長い時間がかかるだろう。むしろ動物は、自分の体を変形するのではなく、行動や学習を通して、体の使い方を環境の変化や必要性に応じたものに変更するのだ「一部のイルカは餌を取るときに、海綿を使って自分の鼻を守る。また、カレドニアガラスは枝などを加工して餌を取る道具をつくる」。ヒトは羽を生やすことはできない。しかし、好奇心の強い強烈な個性の持ち主が、リスクをものともせずにがむしゃらにイノベーションを起こしたおかげで、今日、私たちは空を飛ぶことができる。

多様な個性のおかげで、生態系の気まぐれな変化にもすばやく対応できる。攻撃的なジョウゴグモやシジュウカラは、繁殖が困難な状況をうまく切り抜けるときもあれば、そうでないときもある。オオカミやコヨーテは、縄張りが重なったら獲物を分けあわなければならない。だが、探索行動をすれば、競争相手のいない、獲物だらけのユートピアにぶち当たる可能性がある。闘士タイプは縄張りを得ることもあれば、怪我をしてそれを失うことだってある。攻撃的なハンターは、タンパク質を豊富に取り込んで体を大きくする。オオツノヒツジも、ピューマがまわりにいないときには乳房を大きくする。だが、どんな動物も怖いもの知らずになりすぎると、その筋肉は食肉にされてしまう。

自然界は、多様性を受け入れてそれをうながし、差異によって繁栄する。では、私たちが自然界の意向を受け入れなかったら、どうなるのだろうか。

私たちはニワトリに対して驚くべきことをやってきた。たとえば、現代の産卵鶏は驚異的で、卵という名のタンパク質の塊をポンポンと産む[1]。ニワトリは何世代もかけて、その生産性を大幅に向上させた。ニワトリ一羽あたりの年間の産卵数は、一九五〇年には二七〇個にも満たなかったが、それから数十年後の一九九〇年代初頭には三四〇個を超えるようになった（二九パーセントの増加）。そのあいだ、量だけでは十分ではないと言わんばかりに、卵のサイズも四二・七パーセント大きくなっている。

パデュー大学のウィリアム・ミューアが行ったニワトリの人為選択に関する実験は、表面上はつつましい実験だったものの、本人の予想を超える反響を巻き起こした。マーガレット・ヘファナンは、TEDトークでこの研究結果をビジネスモデルの説明に用いて大成功を収めている。[2] ヘファナンはミューアの仕事を要約し、スーパーチキン（最も生産性の高いニワトリ）の群れをつくるとどうなるかを説明した。彼女は、この群れを高圧的なトップ・パフォーマーばかりを集めた会社になぞらえ、寓話に仕立てた。

ミューアの実験では、生産性のとても高いニワトリだけの群れをつくり、その対照群として平均的なニワトリの群れを用意した。生産性のとても高い個体だけにすれば（会社の経営者がやろうとするように）、均質な、グループをきわめて生産性の高いグループができあがるだろう、という仮説が立てられた。生産性による選抜は、理想的かつ献身的な労働者だけでチームをつくるということであり、大半の国や一部の企業でもやられていることだ、とヘファナンは述べている。しかし、その実験結果は一見どんな意味があるのかわからないものだった。ただ、私たちが多様性や適応から得てきた教訓を当てはめれば、その意味ははっきりとする。

スーパーチキンを六世代飼育したところで、うまくいっていないことが判明した。問題はニワトリの産卵する生理的能力ではなく、生理機能と行動のつながりにあった。レネ・ダックワースの尾の長いルリツグミと尾の短いルリツグミの場合と同じく、個体を選択する際に個性の要素が抜け落ちていたのである。

ニワトリを見ると、どうしても残忍な小さい恐竜がクックと鳴いているように思えてしまう。ひとたびバッタが檻に飛び込むと、ニワトリたちのかわいらしさは消えてなくなる。ベロキラプトルみたいにバッタを追いかけて、競りあいながら飛びかかり、八つ裂きにしてしまうのである。ニワトリが生まれながらにもつ攻撃性は、ニワトリ同士の関係でも顔を出す。その関係性のつくり方が「つつき順位《ペッキング・オーダー》」という慣用句になっているように、ニワトリは文字どおりつつきあってグループ内の序列を決めている。私が裏庭で飼っているニワトリは、ヒップスター、ペピータ、ルナという序列になっているはずだ。

私のニワトリたちは、走りまわれる部屋があり、お互いを避けることができるから深刻な喧嘩は起こらない。それに、商業的に卵の生産を行っているわけでもない。狭い場所に群れを閉じ込めると、喧嘩が極端なところまで行くことがある。ミューアのスーパーチキンは、すぐれた産卵鶏になるべく遺伝的にプログラムされていたものの、蓋を開けてみると別の問題が露呈した。六世代を経たのち、スーパーチキンたちの個性はとても攻撃的になり、文字どおりの殺しあいを始めたのだ。一方、平均的なニワトリの群れは、ともに生きることと卵を産むことをうまく両立させていた。スーパーチキンの群れでは戦いが激化し、実験が終わる頃には三羽しか残っていなかった。しかも残った三羽が産む卵の数は、平均的な群れよりも少なかった。

ミューアの研究は、動物の福祉を考えるうえで重要な意義がある。第二次世界大戦後、畜産業では生産性の高いニワトリばかりを集めたために、くちばしの切断や、一羽ずつ狭い檻に入れるケージ飼育などといった、見苦しい慣行を取り入れざるをえなくなった。だが、畜産業者が動物の個性に関する知見を事業に取り入れ、ひとつの性格特性をもったニワトリだけを選ばないようにすれば、ニワトリの福祉にかなった飼育ができるだろう。また、くちばしを切ったり檻に閉じ込めたりしなくても、生産性の高いニワトリを育てられるはずだ。[3]

気がつくとトップ・パフォーマーばかりのチームにはまり込んでいるような人々には、スーパーチキンの寓話を話しても通じない。その結果、内部での争いを起こしてますます攻撃的になり、イノベーションを停滞させることになる。そもそも、最上の人間や個性がひとつあるわけではない。多くの環境を無難にやり過ごすことのできる変異型が、状況が変わったときに種の救済者となることもありえる。人類はかつて、環境の変動によって絶滅しかけたことがある。その一例が、天然痘などの感染症の流行だ。[4]

天然痘は、紀元前一万年頃に出現したと考えられている。紀元一六〇年頃には「アントニヌスの疫病」により七〇〇万近い死者が出て、ローマ帝国崩壊のきっかけとなったともされる。欧州には六世紀頃に伝わり、中世を通して大陸を荒廃させた。西洋文明は、単なる文化の隆盛というだけでなく、感染症により人口の多くが死んだあとに残されたものととらえることもできるだろう。[5]

多様性のおかげで、時折、感染症が大流行しても全員が死なないですむ。それは、人によって体のつくりが違うからである。感染症がはじめて大流行したときに、大方が死んで一部しか生き残らなかったとしても、抵抗力のある人だけが生き残ったのなら、その遺伝子が集団内で急速に広まることになる。

現在、ＣＣＲ５デルタ32と呼ばれる遺伝子変異の存在が話題になっている。この遺伝子変異がある人は天然痘に対して耐性をもつ。そのため、天然痘の大流行を生き残った人々の子孫である現在の欧州人にも多く見られる。これがいまも人々の科学的関心をそそるのは、HIVに対する耐性も示すからである。[6]

だが天然痘を根絶に追いやったのは、ひとつの遺伝子変異による生理学的な耐性ではない。むしろ、もっとスケールの大きいもので、行動の多様性であり、新たな発想の登場でもあった。エドワード・ジェンナーはある発想（一七九〇年代ではかなり異色のものだった）によって、ワクチン接種による感染症予防の試みを推し進めた。ジェンナーの研究は確かに「枠にとらわれない」もので、その奇妙な着想を聞いて多くの人が奇術みたいなものだろうと思った。なかには彼のアイディアを恐れる人もいた。もし、その実験に奇術とのレッテルを貼られ、そのアイディアのためにジェンナーが社会から追放されていたらどうなっていただろう？　いま、私たちは存在していただろうか？　天然痘は一九八〇年に根絶されたが、それは免疫系が単独でなしたものではない。最初にアイディアがあって、それに対する理解があり、並外れた粘り強さと協力が――そして、新しいアイディアに対する寛容さがあったからこそ成し遂げられたのだ。病原菌の正体を突きとめるのは、探索的な行動だ。果敢に疑問が出され、実験が行われた。科学者や当局はしかるべき方法で動き、注射のチクッとした痛みで大量の死という痛みを防いだ。さまざまなアイディアに耳を傾けるには寛容さが必要であり、いざ良いアイディアが出てきたら、それを承認するだけではすまなかった。そのためには、自分の考えに執着せず、我を捨てて他者のアイディアを受け入れるという、利己的でない態度が求められた。

遺伝子が利己的であるのなら、なぜヒトのような複雑な生物が進化できたのだろうか。なぜ海は、DNAの鎖だけでできた無数の個体がそれぞれに自己複製する、ごちゃ混ぜのスープになっていないのだろうか。遺伝子は遺伝の基本単位であり自己複製のみを目的とする、というドーキンスの論理立ては非の打ちどころのないものである。[7] だがそうだとしたら、生命は化合物を複製するという最もシンプルな化学反応以上の進化はできなかったはずではないのかと思ってしまう。でも進化したのである。なぜか。

協力したからである。

遺伝子は確かに遺伝の単位かもしれないが、原始のスープにいる孤独な遺伝子には多様性がなく、耐えられる環境の条件もごく限られている。生命は助けあうことで生存し、成長する。遺伝子は協力してタンパク質をつくり、タンパク質は細胞をつくり、細胞は専門化して器官をつくり、器官は連携して体を組み立て、個体ができあがる。個体は他の個体と結びついて、つがいを、社会を、グループを、集団をつくる。協力する能力は――たとえ、ひとりであったとしても――生物としての私たちのなかに最も基本的なレベルで組み込まれている。私たちの体は、どんな基本的な細胞であっても単独で存在しているものはない。事実、細胞はひとつのチームである。

「細胞の発電所」ことミトコンドリアは、協力の重要性を示す、このうえなくおもしろい例だ。細胞の内部には細胞小器官という、細胞にとっての器官の機能を果たす小さな構造体がさまざまに存在する。ミトコンドリアもそのひとつで、アデノシン三リン酸（ATP）をつくっている。このATPという物質は生物にとってのガソリンみたいなもので、細胞はこれを使って化学反応を起こし、自らの機能を保っている。ミトコンドリアをいっそう不思議でユニークにしているのは、私たちの細胞によってつくられていないという点だ。ミトコンドリアはバクテリアのように分裂して自己複製しているのである。

ミトコンドリアがあらゆる真核《しんかく》細胞（細胞膜内に真核と細胞小器官を含む細胞で、高等生物の体を形成する）のなかに存在し、自己複製をしているのなら、そもそも最初はどこからやってきたのだろう? 細胞内共生（endosymbiosis——ギリシャ語に由来する言葉で「endo」は「内に」、「symbiosis」は「共生」を意味する）の一例とする説が有力だ。この説によれば約一五億年前、私たちの細胞の先祖がミトコンドリアの先祖を取り込んだ。おそらく、アメーバのような微生物がバクテリアを食べたのだが、消化はしなかったのだろう。取り込まれたバクテリアは、その環境によって保護されていることに気づいた。しかも、宿主の細胞からは栄養も与えられる。この初期段階のミトコンドリアはお返しとばかりに、宿主のつくれない化合物をつくった。その化合物のおかげで宿主はいっそう強くなり、それがミトコンドリアに直接利益をもたらした。

減数分裂（生殖細胞が行う分裂で、精子や卵子といった配偶子を形成するときに染色体を半分にする）という現象は、ミトコンドリアが外部からやってきたことのさらなる証拠である。というのも、ミトコンドリアが自己複製し、精子はミトコンドリアをもっていないので［実際は、精子にもミトコンドリアはあるが、受精の際になんらかの形で消失すると考えられている］、ミトコンドリアはすべて母系にのみ由来するものであり、さかのぼっていけば「イヴ」にまで達する。

このことがもつ意味は深い。私たちは、ばらばらの個人のようでも、細胞レベルで見ると、協力関係によって成り立っていることがわかるからである。もし、ミトコンドリアと核が協力しあわず完全に利己的だったら、競合が起こって、すぐさま進化は頓挫するだろう。細胞レベルから生物のレベルまで、あるいはそのあいだの各段階で協力しあうことで、遺伝子は利益を受けている。この奇跡は、遺伝子が利己的であるということよりも重要である。胃が脳に栄養を送り、脳が胃のために食物を見つけるということからも、個体の体が協力関係で成り立っていることがわかる。この論理は超個体——協同組合であれ、集団であれ、生物種であれ——を形成する個体にも通じるものだ。あらゆる生命のレベルにおいて、その内部にいる個体の独自性を頼りに、環境がもたらす次なる課題への対処がなされ、それと同時に相互の協力によって利益が得られている。

ほかとは違うものになりたい利己的な個体と、協力関係を築くため統一性を求める集団とのせめぎあいは、生命にはつきものである。個体と集団のあいだの緊張は、生命がもつ根源的な緊張なのだ。

ボーグは、スタートレックの宇宙で恐れられる架空の生命体である。個性のない集合体として存在し、群れをなして銀河中を移動し、他の種族を同化していく。彼らに極小の機械を注入されるとドローンという無私のゾンビにされて、自分で思考できない容れ物になり、集合体の意識がひっきりなしに飛び交うだけになる。なんとも恐ろしいコンセプトだ。スタートレックの未来世界にいる人類にとって、ボーグは最大の脅威である。脅威となるのは人間を殺すからではない。人間から個性を奪うからだ。ボーグが非常に強力な理由は、完璧な集合体というところにある。全員が一様にコントロールされ、接続されているため、なんの軋轢も生じない。ひとりのクイーンが統率することで、ファシズム的な効率性が最大限に発揮される。集合体でいることは、個体の多様性へ向かうよりもメリットがあるのだろうか。地球上にボーグと同じようなものはいるだろうか。

ジェイミー・ストレンジは、ハチミツに魅せられ、修士課程での研究中に養蜂について学んだ。ワシントン州立大学でハチの集団遺伝学を研究して博士号の取得を目指していたときは、やるべき計算が多すぎて大いに苦労したという。ユタ州にある農務省のハチ研究所で最近取り組んでいるのは、北米で起こっているハチの個体数減少という問題を解決することである。ストレンジは、ヤギひげを生やした丸顔に幸せそうな笑みを浮かべ、思わず抱きしめたくなるようなクマを思わせる体躯の男だ。[8]彼が自分の仕事を楽しんでいるのは明らかで、楽しいことをやるのを大学院生たちにまかせなければならないという、成功した科学者の宿命を嘆いてもいる。大学院生たちは、国の隅々まで旅してまわる。「自分で旅するよりも他人の旅の手配をしている時間のほうが長いんですよ」と彼は言う。

私はストレンジとともに研究所内を見てまわった。研究所は、小さなショッピングセンターみたいな四角い建物で、実験用の農地の奥に建っている。私はウォークイン冷蔵庫のなかに案内された。木の箱が並んでおり、そのなかにストローのような管が積まれている。ストレンジは箱をひとつ取り出して、この種はこうして冬を生き抜くのだと説明した。さらに、長さ約一八センチの管のなかを写したX線画像を見せてくれた。ハチが越冬するため、せまい管のなかに身を潜めるようすはクマの冬眠を連想させる。彼は別の箱を引き抜き、スライドさせて開いた。「これが越冬する女王バチです」

別の容器には、シカの糞みたいなものが詰まっていた［ツツハナバチ属のハチは泥で巣のなかに仕切りをつくる］。「これはブルーオーチャードビーです。繭のなかで冬を越すんですよ」。私は、ハチたちがどうやってシルクを出すのかと質問した。クモや毛虫と同じようにするのだろうか。「カイコのものほど質は良くありませんが、ハチも大顎肢にあるシルク腺からシルクを出して紡いでいます。シルクを紡ぐハチはたくさんいます。そんなにめずらしくないんですよ」と彼は言った。さらに笑顔でこう付け加えた。「ポリエステルを紡ぐ種もいるんです」。急にハチがものすごくクールに思えてきた。

一緒に研究所をまわりながら、ハチについていろいろと学んだ。ハチは腹部から蜜蠟を出して巣をつくり、コロニーを形成する。このコロニーはとても先進的な社会構造（真社会性）をもっており、どの個体も基本的に超個体として振る舞う。子孫をつくる生殖腺のような役割の個体もいれば、コロニーを掃除する白血球のような個体もいる。ストレンジのような人が、チクリと刺すこの小さな昆虫の研究に人生を捧げる理由がよくわかった。

ストレンジはまた、ミツバチとクマバチには多くの違いがあることを説明してくれた。私はそれまであまり深く考えたことがなかったのだが、その違いには大きな生態学的、経済的な意味合いがあった。そのときわかったのは、農作物や、ハチがその受粉を担うことの経済的重要性について触れないことには、ハチについて話すのはほぼ不可能だということだ。たとえば、ある作物について、どのハチが受粉に一番適していると考えられるか、というようなことである。ミツバチは花粉の多い植物を好み、ナス科の植物――ジャガイモ、トマト、トウガラシ、ナスなど――は避ける。トマトを避ける傾向があるのは、花に蜜が少なく、花粉が花に貼りついているためである。トマトの受粉には、花を少し震わせて花粉を飛ばしてやる必要がある。これを振動受粉という。

　とりわけ温室でナス科の植物を育てている場合には、広範囲に飛びまわるのが好きなミツバチは花粉媒介者としてよい働きをしない。ストレンジは、ハチの行動がいかに重要化を指摘する。「ミツバチは空高く飛ぶのが好きなので、温室だと天井まで飛び上がって、外に出ようとするんです」。屋内植物の受粉にはあまり適さないということだ。ミツバチはマルハナバチのように振動受粉を行わない。どちらも花粉を食べる種だが、その働きは異なるのである。トマトは、そして西洋の料理は、マルハナバチがいなければ存在しない。

　ミツバチとマルハナバチの行動のなかでも、特に大きく違うのは越冬の仕方だ。巣箱のなかであの有名なダンスをするのはミツバチだけである。ミツバチはダンスのなかで、尻を振りながら体の向きを示しつつ、踊る回数をそのときどきで変えて、どのあたりに良い餌場があるかを仲間に伝える。自分たちの巣箱の収穫を最大化するために、お互いに会話をしているのである。ミツバチはこうして蜜を蓄え、コロニー全体が冬のあいだ、餌に困らないようにする。多くの食料を貯める必要があるのもそのためだ。ハチと聞いて私たちの頭にまず思い浮かぶもの、あれがミツバチだ（くまのプーさんと、いつでもハチとハチミツでいっぱいの巣）。

　一方、ミツバチ好きにはあまり人気がないのがマルハナバチだ。このハチは、ハチミツの詰まった大きな巣はつくらない。むしろ、ほんの少ししかハチミツを貯めない。女王バチの子供の大半が冬を生き延びない。女王バチは冬のあいだ休眠し、春が来るのを待って新しい巣をつくる。研究所でストレンジと私は、孵卵器《インキュベーター》のなかでそれぞれ小さなプラスチックの箱に入った女王バチを見た。餌として使われているのは球形の花粉だ。これは、ストレンジと学生がどこかの巣から盗ってきたもので、研究所にいる何百匹もの女王バチを育てるのに使われている。小さな白い球が、花粉の黄色い球の上に乗っていた。「それは女王バチが最初に産んだ卵のひとつです」。女王バチは、最初の子供たちは自分で育てなければならないが、その後は子供たちが成長して次の世代の幼虫の世話を手伝う。さらに新しいハチが育てられ、血縁個体で構成される巨大なコロニーが形成される。この血縁は非常に濃い。

ヒトが考える大半の動物――つまり、ほかの人間やカリスマ性のある哺乳類――では、子供はオスである父親とメスである母親の半分ずつでできている。私たちのつくる配偶子、すなわち精子と卵子には、ひとつの生命体をつくる設計図（染色体）の半分がそれぞれに入っている。その染色体のうち特定の二本（性染色体）によって、生まれる子供が男と女のどちらになるかが決まる。女性の生殖細胞（XX）が分裂してできた卵子は、Xの性染色体をもつ。一方、男性の生殖細胞（XY）が分裂してできた精子は、XかYの性染色体をもつ。Xをもつ精子を受精して性染色体がXXとなれば、女の子供になる。XとYがそろえば、男の子供になる。

ハチは交尾の仕方も子供の産み方も変わっている。女王バチは巣から飛び立って、空中で交尾を行う集団に加わる。そこでオスとメスは、次世代をつくるのに必要な遺伝物質（精子）を渡し、渡されようと競う。マルハナバチの女王バチはたいてい一回しかオスと交尾しないが、ミツバチは精子を必要なだけ集めるまで空中の乱痴気騒ぎに興じる。そこでさまざまなオスから受け取った精子は、のちのち使用するために保管しておくことができる。

マルハナバチの場合、女王バチは巣づくりのときに、保存しておいた精子を使って卵をつくる。ただし、卵細胞に精子を受精させるかどうかは、女王バチが選ぶことができる。受精した卵をつくった場合、生まれるハチは母親と父親両方の遺伝子をもつことになる。染色体を二組もつ二倍体となる子供はメスになる。メスのハチは、母親と父親の両方から受け継いだ遺伝子のセットからつくられるわけだ（あなたや私のように）。圧倒的多数のメスは働きバチになる。また、女王バチは受精させないで卵を産むという選択もできる。そうやって産まれるハチは、女王バチの遺伝子のみをもつことになる。この一倍体のハチは、オスになる。これは、人間が男になるのはX染色体をひとつしかもたない場合（XXは女）であることを考えればわかりやすいだろう。オスのハチもそれと同じなのだ。

ハチにおける遺伝子の関連性を調べていくと、かなり驚かされる。女王バチの息子は、母親と一〇〇パーセント同じ遺伝子をもつ。しかし、メスは二倍体でオスは一倍体であるため、女王バチからすると息子とは五〇パーセントの遺伝子しか同じではない。一方、働きバチは父親の遺伝子を一〇〇パーセントもっているが（父親は一倍体であるため、その遺伝子を一〇〇パーセント娘に伝える）、母親の遺伝子は五〇パーセントしかもっていない（母親は二倍体であるため、その遺伝子を五〇パーセントしか伝えられない）。そうすると、父親が同じ娘同士は七五パーセント同じ遺伝子をもつことになる。計算が少しややこしいが、抑えておくべき重要なポイントは、ハチとヒトを比較した場合、ハチの姉妹はヒトの兄弟姉妹よりもはるかに共通した遺伝子をもっていることである。大方の場合は、であるが。

ハチは、かつて考えられていたより巣には個体のばらつきがあり、巣内部での多様性を増進させるための仕掛けをもっている。たとえば、女王バチは通常さまざまなオスと交尾し、その精子をすべて蓄えているので、生まれた姉妹の多くは異父姉妹になる。また、女王バチは多くのオスと交尾することで、分家《サブファミリー》をつくることができる。いわば、コロニー内コロニーである。「分家はコロニーの緩衝材となり、強靭さをもたらしているのです」とストレンジは説明する。ハチのコロニーは長らく単一の超個体だと考えられてきたが、分家によってその内部でも遺伝的多様性が確保されているわけだ。

「それぞれのコロニーに異なる個性があることを養蜂家は知っています」と、自身もいまだに養蜂家であるストレンジが先を続ける。ざっと観察しただけで、「扱いやすいコロニーがある」のがわかるという。研究者たちがこの考えにもとづいて調査すれば、これまで紹介した動物と同様、それぞれの巣を勇敢、臆病、攻撃的と並べた連続体に分布させることができるのではないだろうか。

ヒトはハチに依存し、密接な協力関係を築いている。ハチは農作物の受粉を媒介することで私たちを養い、私たちはその農作物によってハチを養う。ハチの経済的重要性から、最近ではもっぱら巣を破壊するものが注目を集めている。「ハチの巣には病気に対する抵抗力をもつものがあります」とストレンジは言う。抗体や生理機能の向上によって、病気に抵抗するのではない。行動傾向、すなわち遺伝的同一性をほぼ保持する巣の個性を利用して抵抗するのである。

例としてミツバチヘギイタダニ（*Varroa destructor*）を取り上げる。破壊者《デストラクター》という名前からして、いかにも問題を起こしそうだ。確かに、蜂群崩壊症候群によるハチの失踪に加担しているという。ミツバチヘギイタダニは、こっそり巣に入り込んで働きバチを襲う厄介なダニだ。成虫の血《けつ》リンパ（昆虫のなかを流れる血液のような体液）を餌とするが、巣に入り込むと、幼虫が蛹《さなぎ》になるため巣房に蓋がされる着前に、そこに潜入する。[9] ここからが破壊活動の始まりだ。「女性創立者」であるメスは蛹に卵を五、六個産み付けながら、蛹から自分のための栄養も奪いとる。その受精していない最初の卵からは、ハチと同様、オスが産まれる。ほかの子供はみなメスになる。そうして産み付けた卵がすべて孵化すると、全員で生育中の蛹から栄養を取る。そうして弱りきった宿主の蛹が巣房から出ていくのに合わせ、メスとオスのつがいのダニもそこを離れる。メスのダニは次に、別のハチの成虫を攻撃するか、または別の巣房に侵入してふたたび蛹を餌にし、繁殖を行う。この「感染」は急激に広がっていく。ダニが繁殖を行うにつれ、ハチの幼虫は弱り、死んでいく。このダニが見過ごされた場合、一、二年のあいだに大半のコロニーは死滅する。

だが、なかには感染を防ぐ方法を身につけたハチもいる。一部のコロニーには、幼虫を生育する巣房をパトロールする働きバチがいる。この働きバチには、蛹がダニに寄生されているのを感知するなんらかの能力がある。それを見つけた場合には、将来の見込みがないその蛹とダニを引っ張り出して、すべて殺してしまう。妹を一匹失うことになるが、それでダニの侵略が進むのを防いでいるのである。ダニへの抵抗力があるコロニーを新たにつくるのであれば、「こうした個体の行動特性を選択肢として考えてもよいと思います」とストレンジは言う。

驚くべき社会的共同性の高さ、人を惹きつける遺伝の仕組み、幾重にも広がりを見せる個性や行動など、ハチから得られる科学的な知見は多い。コロニー内の遺伝的関連性が高くても、ハチはボーグではない。不妊の働きバチは女王バチに餌を与えることで協力し、女王バチはその引き換えに、働きバチの姉妹たちの「利己的な遺伝子」をいくらか伝え残していく。ほかのハチの種でも、おそらく協力することで利益を得ているのだろう。

ストレンジの厖大な論文のなかに、ひとつ私の目を引くものがあった。その論文には、春先にストレンジが異なる種のメスのマルハナバチを採集して研究所へ持ち帰り、そこからどうやって新たなコロニーをつくったかが書かれてあった。[10] 彼は、ハチを豪華な巣箱に入れ、三通りの方法のいずれかで飼った。すなわち単独か、同じ種の女王バチ同士か、それともミツバチの働きバチ二匹とともに飼うかである。単独で飼ったメスは、新しいコロニーの立ち上げにまず成功しなかった。ミツバチの助っ人がいるマルハナバチは、二回ほど成功した。二匹の女王バチは、一番争いが起きる可能性が高かったが、最も協力関係を築きやすい組みあわせでもあった。実際に一番成功し、単独で飼われたメスの四倍近い成績を上げた。自然環境のなかではこうした個体の協力関係が少なからず行われているのだが、研究者はどうしても争いのほうに目を向けがちである。研究者が養蜂家と同じくらいハチの変異について深く掘り下げ、ハチたちが協力しあう方法を特定するか、またはコロニーや分家に見られるさまざまな「個性」を調査したなら、蜂群崩壊症候群を抑制する方法が見つかるのと同じくらい意義のある知見が得られることだろう。

ジェームズ・スロウィッキーの著書『群衆の智慧』［小高尚子訳／角川EPUB選書／二〇一四年］では、フランシス・ゴールトンが一九〇六年、英国プリマスで開かれた家畜見本市を訪れたときの有名な逸話を冒頭で取り上げている。[11] 著名な統計学者で、資産家でもあったゴールトンは、一般大衆が知的鋭敏さのない劣った人々であると証明するのに苦心していた。群集が多様になることは良いことではなく、育ちの良い一部の人間が政治権力をもつべきだと考えていた。

見本市では、解体した雄牛の重さを当てるコンテストが行われていた。参加者はほとんどが畜産に関する専門知識も特別な経験もない人たちだった。彼らは、かつて息をしていた雄牛が食肉処理された姿を見て、どれくらいの重さがあるか見当をつけた。平均的な人間は、雄牛の重さを推測するときも、政治家の候補者を選ぶときと同じくらい愚かだろうから、的はずれな数字を書いているに違いない、とゴールトンは直感的に思った。

ゴールトンはコンテスト終了後に、予測した重さが書かれた参加者七八七人分のチケットを借り、実際の数値と比較した。なかには聡明な人物や幸運な人物がいて実際の重さに近い数字を予測しているかもしれないが、教育も受けていない大半の人々は馬鹿げた数字を書いているだろう、と彼は考えていた。解体した雄牛の実際の重量は一一九八ポンド（約五四三キログラム）だった。一方、群集の予測の平均値は一一九七ポンドだった。集合知による予測は一〇分の一もずれていなかった。ほぼ的中していたのである。

この逸話は（この本の残りの部分もそうなのだが）、集団における個体の多様性について考えるときに皮肉な教訓となる。エリートによる大衆蔑視だけでなく、大衆がそういう自分たちを嫌う人を排除することもまた、現代社会の多様性にとっては危険である。『群衆の智慧』は、どのグループが比較的ましかということを言わんとしているのではない。むしろ、多様な個人が集まれば、個人よりも賢明な集団ができるという点にこそ、その主眼がある。かつては特定の職務（雄牛の重さを推測するということであれ）に長けた優秀な人間の血統をつくることが、優生学の名のもとに許されていたことをこの逸話は思い起こさせる。あらゆる人が同じ知識、技術、能力をもつことは有益だろうか。たったひとつのエリート階級があればそれでいいのか。スロウィッキーは、次のように意義ある主張をしている。多様性は非効率に思えるかもしれないが、個人が集団のなかで力を発揮すれば、ひとりで行うよりも多くのことを成し遂げられる——たとえ、やり方や意見が対立したとしても。

多様な個体によるバランスのとれた協力関係、すなわち共生や、種内および種間で相互に利益となる関係を築くことが、生きる力となってきた。庶民であれ、ハチであれ、トマトであれ、それは同じだ。科学者たちは協力よりも争いに目を向けがちだが、私たちは共生という考え方から目を背けてはならない。個体が協力することをやめてしまったら、あまねく動物の世界から個性の多様性が失われてしまうからだ。

もし個体が協力関係を築けなかったら、どうなるのだろうか。そうした最悪の事態はときどき起こる。自分のための資源獲得しか考えない個体がいたらどうなるか、考えてみてほしい。その個体は、他者が必要とする資源でもおかまいなしに奪い取る。そういう振る舞いをする個体は抑制がきかないと、やさしい個体や協力的な個体を駆逐してさらに資源を獲得し続ける。協力を無視することは、短期的に見れば当然、対立や争いを起こすことにつながるだろう。だが、長期的に見れば、そんなものではとてもすまない。資源を独り占めにする身勝手な個体は、放っておくとどんどん増殖する。そして、その身勝手さは子孫にも受け継がれていく。協力も自己抑制もしないこうした個体が急速に集団を支配するようになる。その身勝手さに他者が巻き込まれて大勢が苦しむかたわらで、ひとり強欲な個体は社会を内側から破壊する。

いかなる協力も無視するこうした行動は、倫理的にみれば悪だと思う。生物学的にみても、生命の本質に対する攻撃であり、同様に悪だろう。こうした悪は、個体間だけでなく、個体内でも発生する。こんな、バランスを欠いた完全な攻撃性をなんと呼べばいいだろう？ 私たちの体内で発生するそれは、癌と呼ばれる。癌は、完全に抑制を欠いた細胞がほかの体内細胞を犠牲にして増殖し続ける病気である。癌化した細胞は、栄養の供給を独り占めにし、周囲を汚染する。その強烈な支配者の個性で周辺環境である集合体を殺し、自らの存在を破滅に追いやるまで、ひたすら増殖を続ける。社会においても、反社会的な個人が自分と異なる他者の価値観を拒絶するとき、癌が発生しうる。個性は人生の成功に欠かせない要素ではあるが、限度というものがある。協力による利益とのバランスが取れなくなってはいけない。

行動の多様性——これこそ、多様な個性をもたらす現象である——が集合的な力を生む。天然痘の治療法を発見した大胆な者がいれば、空飛ぶ機械をつくった勇敢な者や、他者をいたわる愛をもった慎重な者もいる。こうした多様性によって、集団は環境変動がもたらす脅威に対応することができる。多様性を後退させるメカニズムは、種差別［ヒト以外の生物に対する差別］やジェノサイド、優生学に通底して見られる――どれも同じだ。こうした主義主張は、性格特性の一部だけ取り上げて、ひとつの理想のほうが多様性よりも好ましいとしているが、それは倫理的にも生物学的にも間違っている。

どうすれば、多数者のニーズと少数者のニーズに折りあいをつけられるだろうか。情動や個性がもたらす適応上の利点については、ダーウィンも認識している。『人及び動物の表情について』で、感情の発達に伴い社会性が豊かになると述べている。ダーウィンは、動物にも感情があり、個体が協力しあうために独自のシグナルや倫理を必要とすることを、ダーウィンは理解していた。人間や動物にとって、倫理とは最適化のゲームである。群れは利己的で、遺伝子はむしろ寛大だ。私たちは、協力しあうと同時に差異を混ぜ合わせることで最高の善を生み出す。人間や動物が、どんなルールのもとに、どうやって助けあいの集団をつくるか――あるいは、つくらないか――ということが、力の源にもなり、残虐行為の根っこにもなる。倫理とは種内および種間における個体の協力関係の最適化である、というのがひとつの生物学的定義である。[12] 私たちが私たち自身であることは大切だが、一方でほかの人間や動物たちともうまく付きあっていく必要があるのだ。

第9章　ペアになる単独者たち

チャンスは「大きな体に愛を詰め込んだような……思わず抱きしめたくなる子でした」と、サンドラ・フィッシャーはラジオ番組「ディス・アメリカン・ライフ」で、ペットにしていたブラーマン種の雄牛、チャンスについて語った。[1] サンドラも夫のラルフも、こんなにおとなしい雄牛はかつて見たことがなかった。チャンスは、子供たちが背中にのぼっても嫌がらなかった。白い毛並みに長い角、おとなしい性格のチャンスは、その気性が評判になり、映画や深夜のテレビ番組にも出演した。あまりにも若くして死に、飼い主たちを悲嘆に暮れさせた。

サンドラとラルフは、自宅から車で一時間半の距離にあるテキサスA&M大学で動物のクローン化を行われているのを知ると、研究者に掛けあい、チャンスのクローンをつくってもらうことにした。研究者たちは、保存されていた生検組織からDNAを採取し、死後一〇か月のチャンスを蘇らせた。かくしてセカンドチャンスが誕生した。外見はチャンスとそっくりだとフィッシャー家の人たちは思った。行動の類似点もたくさんあった。クローンもオリジナルも、食べるときに頭を上げて目を閉じるという、ほかの雄牛に見られない特徴をもっていた。また眠る場所も同じだった。「チャンスが帰ってきたんだ!」。家に運び入れたセカンドチャンスを見て、フィッシャー家の人たちはそう口にした。

研究者たちは、そっくり同じのはずがないとは思っていたが、クローン化自体に害はないと考えていた——初めのうちは。セカンドチャンスはオリジナルと同じ見た目をしており、フィッシャー家の人たちも類似点にばかり目を奪われていた。だが成長するにつれて、オリジナルとは違う気性が表れはじめた。一回目の誕生日パーティを終えて牛小屋に連れ戻される途中、セカンドチャンスはラルフを攻撃した。ラルフは肩を脱臼し、もう少しで角で突き殺されるところだった。またあるときには、ラルフを宙に放り上げて角で突いた。ラルフは病院に運び込まれて八〇針を縫い、脊椎に細かい亀裂が入っているのが確認された。ここにきてフィッシャー家の人たちは認めざるをえなくなった。セカンドチャンスはチャンスのクローンで、一卵性双生児のようにそっくりに見えるけれど、性格はまるで違う、と。

人はしばしばペットに強い愛着をもち、どうにかして蘇らせたいと思う。そういった意味では、これもそれほどめずらしい話ではない。遺伝学者のもとには、ペットを蘇らせてほしいという依頼が山のように届いている。しかし、遺伝子はそう思ったとおりには働かない。クローン再生された動物がオリジナルと似ているといっても、せいぜい一卵性双生児がそっくりだと思われるのと同じ程度である。遺伝子は、複製をつくるという点で完璧ではなく、後成的に環境の影響を強く受ける。クローンといっても、一卵性双生児以上に似るわけではない。大好きなペットや動物がいるとしても、いま一緒に過ごしている時間がもてる時間のすべてである。その時間はもう二度と戻ってこない。雪の結晶のように、すべての個体がユニークではかない存在なのである。

絆は人間同士で結ばれるだけでなく、人間とペット、野生動物、あるいは家畜とのあいだでも結ばれる。現実には、人間も動物も個体としてほかの個体と絆を結ぶ。[2] 絆を結ぶとは、自己の個性を表現したいという切実な欲求と、集団と連携するという差し迫った必要性とのあいだにある対立を個体が克服するための方法である。生活戦略の違う、まったく異なるふたつの個体がともに生きる方法を見出すには、どうすればよいだろうか。動物たちは協力しあうとき、どんなテクニックを用いるのだろうか。

ジェフロイクモザル（*Ateles geoffroyi*）の集団は変幻自在だ。あるときは分裂してそれぞれが好きなように行動し、またあるときは再結集して社会的な付きあいをする。時として再結集は危険なものになる。ふたたび序列を決めなければならないからだ。社会的摩擦は言い争いや殴りあいで解決することもできるだろうが、ほかにも方法はある。

フィリッポ・アウレーリとコリーン・シャフナーは、サーカスも顔負けのにぎやかなジェフロイクモザルの社会集団を観察し、新しい集団が形成されたあとの個体同士の付きあい方を調査した。[3] 研究者たちは、仲間との再結集時にハグを行った一五匹の個体を観察した。この一五匹は、ハグを行ったあとに攻撃的な行動を見せず、また攻撃されることもなかった。しかし、ハグが行われなかったときは関係がぎくしゃくしたり、いざこざが起きたりした。集団に合流したときにハグをしなかった場合、一時間あたりの平均攻撃発生率（喧嘩が起こった回数）は〇・五六となった。儀礼的行為を発達させることは、暴力を手段とする序列の決定を回避する方策になる、と研究チームは結論した。そして、ほかの動物の個体が関係を結ぶやり方を見ることで、人間は多くを学ぶことができると強調する。「人間社会もまた、頻繁な離合集散が特徴である。それゆえこの観察結果は、こうした挨拶行為が再結集時の緊張を和らげ、寛容さをうながすのにどれくらい役立つかを研究することが、人間社会における紛争の管理を理解する助けになることを示している」[4]

ジェフロイクモザルは、ハグをすることで平和に再結集する。グループ単位で再結集したときは、みながハグしあう。腕をまわす必要があるから、二匹のサルは近づかざるをえなくなり、そのおかげで殴りあいにはならない。緊張が和らぐのである。

ボノボもまた、争いを平和に解決することで有名だ。そのために、ふれあいや性行動すらも行われる。[5] ボノボのメスは、和解したり絆を深めたりするため、互いに性器をこすりつける。幼児のように一匹がもう一匹と密着し、互いに股を押し付け、横向きで夢中になってこすりつけあうのだ。また、ボノボは交尾によって争いを避けるという戦略をとることでも知られている。こうした儀礼的行為が、社会集団をまとめる絆を生んでいるのである。

本書ではすでに、ハエのオスがメスにシルクの球をプレゼントするなど（第2章）、個体間の調和を高める手段として儀礼的行為が行われる例を検証している。儀礼的行為とは、さまざまな個体間の緊張を和らげたり、一体感を強めたりするのに用いられる行動基準である。ヒトの場合、握手をしたり、ジェフロイクモザルと同じくハグを行ったりする。カップルであればキスをすることや、ボノボのように喧嘩のあとの仲直りとして性行為を行うこともある。みんなでポップソングを合唱するときや、宗教儀式を開いて精神的なつながりを築くときに、ヒトは一体感を強める。

私はカトリック教徒として過ごした子供時代に、いろいろと良い思い出がある。なかでも、クリスマスのミサは記憶に残っている。教会のなかは、いたるところにろうそくが立てられ、綱飾りなどの美しい装飾で覆われていた。よい香りがステンドグラスや彫像のあたりにも漂っていた。ミサの言葉は毎年、聖書のなかから馴染みのある定番のものが選ばれていたけれど、その繰り返しのなかに魔法や奇跡がこもっていた。身長の高い人も低い人も、体格の大きい人も小さい人も、老人も若者も、この見事なミサがつくりだす夢の世界にいれば、みんなが私の親友となった。そうやってそれぞれ異なる人たちがひとつになった。

人間も動物も同様に儀礼的行為を行い、いざというときに協力関係を築けるようにしている。もっとも、人間の儀礼的行為は表面的な振る舞いにすぎないし、動物も同じであるのは間違いない。儀礼的行為は、明確に意図の伝わる共通のコミュニケーション手段を用いることで一体感をもたらすが、それだけでなく、個性の違いから生じる緊張を和らげる手段としてやむなく行われる、うわべだけの行為でもある。言うなれば、行動と個性の足並みをそろえるための習慣なのだ。とはいえそれは、見てのとおりのものでもある。競争を要求してくる自然選択に多少なりとも抵抗したいという気持ちが、私たちの心に芽生えるのを助ける行為だと言ってもいいかもしれない。

リン・ギルバート＝ノートンは米国の非営利団体「ケイナインズ・ウィズ・ア・コーズ」と協力

して、ヒトとイヌのマッチングを行っている。[6] 悩める退役軍人の心に自信と落ち着きを呼び起こすことが、その最終目標である。そのために、ソルトレイクシティ市内および市周辺にあるイヌの保護施設をまわり、その任務を行うのにふさわしいイヌを探す。要件となるのは、捕食者の本能とその反対の性質を適切なバランスでもっていることだ。これは、どんなイヌでも当てはまることではない。仲間と探索を行うのに十分な勇敢さや大胆さ、自信をもっているだけでなく、差し迫った用がないときは、仲間と社交的な付きあいができるだけの落ち着きや穏やかさも持ち合わせていなければならない。イヌの担う仕事は、まったく異なる生物種の個体と感情的な絆を築き、信用を得て、理解し、最終的には癒やしを与えることだった。

ケイナインズ・ウィズ・ア・コーズのプログラムは、「三つの命を救う」ことを誇示している。[7] 一番目の命は、ギルバート＝ノートンが保護施設で見つけてくるイヌである。二番目は、最初に訓練を担当するトレーナーたち。彼らは、保護施設に閉じ込められていたイヌと同じくらい悲劇的な人生を送っている。ギルバート＝ノートンが刑務所を訪れ、イヌに基本的な服従や命令を学ばせることのできる能力と意志をもった受刑者を探してくるのだ。イヌと受刑者は意外にも取りあわせがいいことがわかっている。そして三番目に救われるのは、戦争で心の傷を負った退役軍人の命である。受刑者が先にトレーナーになるのは、退役軍人が担うトレーニングの負担を減らすためでもある。

女性刑務所では、受刑者に「できるだけ多くのことを経験してもらっています」とギルバート＝ノートンは言う。受刑者にすれば、イヌの行動について学ぶことを通して、教育の技術や問題に対処する技術を身につけられるまたとない機会になる。この経験が、他者との付きあい方、あるいは相手を動かすために何をすべきかを深く理解するきっかけになるのは間違いない。受刑者は、イヌと絆を深めながら（イヌと受刑者両方の）行動を変え、改善する方法を学んでいく。

ただし、このプログラムは楽なものではない。それに、女性受刑者はつらい過去をもっている。これまでにトレーナーとなった受刑者は、その多くが殺人を犯して収監されていた。悲惨な状況で育ってきた人たちがほとんどだ。はかりしれないほどの個人的な問題を抱えている。そんな彼女たちにとって、これは転機となる。引き受けるイヌが「はじめて心を偽らずに付きあうことのできる生き物」になるかもしれないからだ。「刑務所では、誰も彼女たちを信頼していません」

受刑者はイヌから信頼や愛を学ぶ。関係の築き方を学び、陽性強化法［ほめてしつけるイヌのトレーニング法］の効果を知る。司法制度から受刑者が学べるのは罰することしかない、とギルバート＝ノートンは言う。痛みを伴う方法でしか他者と付きあえなくなったら、社会に復帰したときにどうなるだろうか。イヌのトレーナーになることで、受刑者は新たに関係を築く方法や、他者との付きあい方を改善する方法を学ぶことができる。「刑務者ではいろんなドラマが起きています。いつもどこか骨折している女性もいるんですよ」。その女性は、イヌのトレーナーになったことで、刑務所では「いまやまとめ役になっています」とギルバート＝ノートンは誇らしげに言う。その女性は、一匹のイヌとの絆を通して、協力することの利点を学んだのである。

刑務所での最初のトレーニングが終わると、次は退役軍人の番になる。「軍隊で過ごすと、人生に対する姿勢も上下関係が基本になります」とギルバート＝ノートンは言う。軍隊で学ぶ問題解決法やコミュニケーションのとり方は、一般市民とはまるで異なるものだ。また、私服の戦闘員や即席の爆破装置が用いられる現代の戦争では、戦場と日常との境界があいまいになる。そうした状況にあまりにも長くさらされると、戦場から日常生活への移行をスムーズに行うのが難しくなることがある。兵士には、狭い塹壕で友情を育んだ相棒のような存在が必要で、それによって心的外傷後ストレス障害から抜け出す道を見つけられることがある。退役軍人が望んだ場合は、イヌに前を歩くようしつけることもある。これは、心に不安を抱える人が少し余分にスペースをもつことのできる歩き方だ。それ以外では、イヌは後ろからついて歩くようにしつけられる。文字どおり、退役軍人の背中を守るというわけだ。イヌには、兵士を悪夢から目覚めさせる力がある。ただ訓練は、イヌをセラピー犬に仕立て上げるためだけに行われるのではない。退役軍人はトレーニングを通して、信頼やコミュニケーションの新たな手段を学ぶことになる。絆の結び方を学ぶのだ。

「イヌを飼えば心を治してもらえるというわけではないんです」とギルバート＝ノートンはきっぱりと言う。イヌと一緒に過ごしながらトレーニングを行うプロセスが重要なのである。それによって症状の軽減につながる可能性がある。戦場から、より安全な社会へ復帰する助けにもなるだろう。一匹の動物と絆を結ぶことは、奇跡のように映るかもしれない。ただ、それは作業を通して得られた結果であって、奇跡ではないのだ。

ふたりの個人の関係について話をするとき、よく出てくるのが「相性」という言葉だ。しかし、いくら相性の合う関係を探るアルゴリズムをつくってみても、理想のタイプを挙げるチェックリストができあがるのが関の山だろう。オンラインの出会い系サービスにアクセスすれば、そうやって理想の相手を探すことはできる。私もサービスを利用してデートをしたことがある。まず私は、住んでいる場所の遠さの許容範囲を設定し、条件として動物好きであることのほか、アウトドア、スキー、急流でのカヤック乗り、読書、冒険が好きであることを挙げていった。すると、私の挙げた条件をすべて満たす、理論上は完璧な女性が現れた。だが、実際に会って一緒に時間を過ごしてみると、味気ない平板な関係しかつくれなかった。幸か不幸か、愛はチェックリストでは決まらないのである。ほかにはない、補完しあえる個性をマッチングさせる必要があるのだ。

ふたつの個体が結びつくとき、そこには言い表しようのない強力ななにかが存在している（人間の恋人同士や友人同士の場合もあれば、ヒトとネコの場合もあるだろう）。人間や動物は、本質的かつ本能的に絆を結ぶ。たとえ気づかなくても、どういう仕組みなのかはわからなくても、触れさえすれば、そこに絆があるとわかる。そして近年、個性や嗜好、絆の形成がもたらす効果を計測する研究が出始めている。

このテーマに関連した研究で、私が気に入っているのはベルンハルト・フィンクとその同僚たちが発表した「男性の個性および男性の踊ったダンスの質に対する女性の認識について」という論文である。[8] フィンクらは、ドイツのゲッチンゲン大学および英国のノーザンブリア大学を拠点に、一八歳から四二歳までの異性愛者の男性四八人を被験者に採用した。被験者はプロのダンサーではない、健康状態に問題のない一般人とした。またNEO－PI検査（第2章で紹介した）を少し改訂して、神経症傾向、外向性、開放性、誠実性、調和性の五因子を測定する検査を行って、個性のスコアを出した。

この実験では、基本的なドラムビートを流し、男性被験者が踊るところを動画撮影した。外見や身長や体型などほかの要素の影響をなくすため、コンピュータ・ソフトウェアを用いて共通の男性アバターを作成し、被験者と同じ動きをさせた。次に、一七歳から五七歳までの女性四三人にアバターの踊る動画を視聴させ、各男性のダンスの質について「きわめて悪い」（一点）から「きわめて良い」（七点）までの得点をつけてもらった。

結果は非常に明快なものだった。余計なものを削ぎ落とした魂のないアバターがモニター画面上で無音で踊る姿を見せられても、大半の女性はダンスにさほど心を動かされなかった。男性たちの得点は最低が一・八点、最高が四・七点となった。手厳しい評価である。

ただし、この得点は実験の基礎データにすぎない。この研究の独自性は、NEO－PI検査で測定した男性のパーソナリティ評価と、女性がアバターを見てつけた得点にどのような相関関係があるかを調べた点にある。その結果わかったのは、女性たちが特定の性格特性をもつ男性を好んだことだった。その特性は、特徴のないアバターからもどうにか読み取ることのできたものだった。

女性たちは、誠実性と調和性のある男性を良いダンサーだとはっきり評価していた。また、外向性とダンスの質のあいだには正の相関関係が認められた。神経症傾向とダンスの質のあいだには、若干ではあるが負の相関関係が認められた。つまり、他者に対して嫉妬や憤りを感じやすい男性（神経症傾向）のダンスほど、その質に対する女性の評価が低くなったのだ。このように、人がパートナーを見つけて仲良くなろうと苦労しているときには、潜在意識下で生理機能と行動の相互作用が生じている。絆を結ぶかどうかは、第一印象で決まるわけではない。では、この女性たちはダンス自体が魅力的だったから良いダンサーと評価したのか。それとも、ダンスの動きを見て好ましい性格特性の持ち主かどうかを評価できたのだろうか。

この実験が示唆するのは、生理機能やダンスのような複雑な動きによって個性が表現される可能性があることだ。そして、女性はどういうわけか、そういうことに勘づくものである。だから男性諸君には覚えておいてほしい。あなたがダンスフロアにいて、特別な人とワルツを踊りたいと望んでいるとしよう。そんなとき、女性はダンスを踊る肉体的能力だけではなく、あなたの個性を直感的に読みとり、ダンスに応じるか否かを判断しているのだ。あなたの動きが、相性の良し悪しの判断材料となり、二回以上ダンスに応じてもらえるかを決めるのである。

エリザベス・リヴァーマンがオーナーを務めるイクアシンには、社交的で外向的なウマから内向的で仕事を終らせることだけに徹するウマまで、さまざまなウマがいる。ただ、ウマにはイクアシンの仕事と密接に結びついた側面もある。それはウマとクライアントのあいだ、もしくはウマとリヴァーマンのあいだに築かれる強い関係性、すなわち絆である。

個体同士のどんな違いが集団内の創発特性を生み出しているのかを調べないのであれば、個性についての本書の検証は不十分なものになるだろう。そして、集団の結びつきを強くするのは、個体間の絆である。ウマがヒトとどれだけ違っているとしても、一頭のウマとひとりのヒトとの感情的な結びつきは驚くほど強いものになりうる。リヴァーマンのよく知るウマは数多くいるが、そのなかで特に印象に残っているウマを彼女に教えてもらった。

「では二頭のウマについて話をするわね」とリヴァーマンは言った。

「はじめてティークに会ったとき、彼は牧草地を抜けて私のいる柵のところまで来てくれたの。彼はそんな行動をとるウマではないと、オーナーは私に言ったわ。そう聞いて、私がこのウマを引き取らなきゃいけないと思ったのよ」。彼女はまるで一目ぼれの瞬間について話しているかのようだった。はじめて会った人に突然、奇妙な心の結びつきを感じて胸の高鳴りを覚えたことのある方は、読者のなかにもいるだろう。リヴァーマンもティークに会ったときそれと似た経験をした。もっとも、彼女は「あのウマが私を選んだ」と洗練された表現を使ったが。

ティークは最初からリヴァーマンの友だちであり、保護者のような存在でもあった。「ボーイフレンドを選ぶときには、彼の判断をあおいでいた。ティークが気に入らなかったら、私はその人と付きあわなかったわ」。それは高いハードルだった。ティークがリヴァーマン以外のヒトを気に入ることはめったになかったからである。「ティークがデイヴを気に入ってるとわかったので、私はデイヴと結婚したの」

ティークは厩舎で、ジキル博士とハイド氏と呼ばれている。リヴァーマンがいればティークは機嫌がよいのだが、彼女がいなくなると、耳を後ろに伏せ、蹴り癖が出て、いたずらをするようになる。彼女がいないところでは、ジキル博士の面が出てくるのだ。ティークは馬房の扉のかんぬきが、どうやれば外れるかを学習していた。だが、すぐに逃げ出そうとはしなかった。このサラブレッド種は悪知恵が働いた。自分が逃げる代わりに隣接する馬房のかんぬきを手際よく外していき、ほかのウマを逃したのだ。人生の一大事である夫選びを助けてくれたという点では、ティークはリヴァーマンにとって特別なウマだ。ただ、一番大切に思っているウマといったら、間違いなくレニーだと彼女は言った。

レニーはクライズデール－サラブレッド・クロス種の大きな牝馬で、リヴァーマンが手に入れたときは二歳だった。よそよそしく、人とのふれあいを好まない、ＩＮＦＪ型（内向、直観、感情、判断）のウマだった。リヴァーマンは、なぜこんなに内気なのかを解明しようと、その経歴をさかのぼって調べてみた。レニーの購入先のディーラーに話を聞くと、オークションで見つけたウマだという。そこでオークションの記録にあたってみたのだが、レニーに関する履歴は見つからなかった。レニーは里子みたいなもので、ヒトからヒトへ転々としていたウマだったのだろう、とリヴァーマンは推測した。それなら、レニーがこれほど用心深いのも説明がつく。「どこかから盗まれてきた子なんじゃないかと思ったの」

「レニーは誰も信用しなかった」。リヴァーマンはレニーと多くの時間を過ごすようにした。背中にまたがる必要はなく、ただそばにいるだけだった。「数週間たつと、彼女が変わり始めた。一緒に行動するうちに、私たちのあいだに強い絆が生まれていたの」。レニーは、作業を行うリヴァーマンの後ろをどこでもついていくようになった。レニーはすぐそばにいたがり、それができないと、耳や目でその姿を追った。

乗っていると、レニーは本人が気づく前にリヴァーマンが何を考えているかわかるようだった。あるとき、リヴァーマンはレニーにまたがり、横木を並べて飛び越えさせるキャバレッティという訓練を行っていた。しかし、どうもうまくいかなかった。彼女はイライラを募らせながら、なぜレニーをちゃんと誘導できないのかと考えたが、よくわからなかった。だがそのとき、「横木の位置を調整して、もっとゆったりすわるように」という声が頭のなかでしたような気がしたの」。どうしてそんな考えが浮かんだのかわからなかった。リヴァーマンは、レニーとのあいだでバルカン人［『スタートレック』に登場する異星人］のテレパシーみたいなことが起こったのだと説明する。その声は、頭のなかで聞こえたのに外側にあるような感じがした。リヴァーマンはそうやって自分を納得させたが、レニーというウマとの絆がなければそんな解釈はできなかっただろう。その後内なる声のとおりにやってみると、横木をすべて完璧に飛び越えることができた。

リヴァーマンは、レニーとの強い感情の結びつきを感じた出来事をもうひとつ語ってくれた。世界的金融不況のさなかに、彼女の夫は会社が倒産して職を失った。これによって彼女の家やウマたちも危うくなった。このまま いけばなにもかも失いかねない状況に追い込まれたのだ。リヴァーマンは馬房を熊手で掃いているときに、心が押しつぶされて泣き崩れてしまった。そのとき、餌のバケツに顔を突っ込んでいたレニーは、食べるのをやめた。それから、餌をほったらかしにしてリヴァーマンのそばまで来ると、頭を下げ、首と顎で彼女を抱きかかえるようにした。レニーはリヴァーマンを落ち着かせ、その耳にゆっくりとやさしく息を吹きかけた。リヴァーマンは目をうるませながら、この話をした。

「私が泣きやむと、なんと彼女は私の涙をなめたのよ」とリヴァーマンは言った。ウマは普通、そんなことはしない。

そこにあったのは、ふたつの個体の絆だった。

私は自分の調査の意図をリヴァーマンに説明し、動物を擬人化することがいかに科学者たちに忌み嫌われてきたかを伝えた。私たちヒトが何かを感じているからといって、ほかの動物も同じように感じるとは言えない、というのが彼らの意見だ。これについてどう思うか、彼女に訊いてみた。「馬鹿げてるわ」と彼女はためらいもせず言った。「それって、人類が優越していると言いたいだけじゃないの」。彼女の言うことにも一理あるかもしれない。確かに、私たちは自己中心的であるという問題を抱えているし、何より、自分たちをほかの動物から遠い存在にしようと腐心している。しかしリヴァーマンは、動物とヒトにもひとつだけ違うところがあると言った。「動物は正直なのよ」

動物にはいまだに多くの謎があると彼女は言う。動物のコミュニケーションには、私たちがまだ気づいていない側面がたくさんあるのだ、と。デイヴィッド・ストーナーもピューマについて、それと同じことを言っていたのを思い出す。ピューマやピューマがとる行動について私たちがどれほど理解できているかと言えば、まだほとんど闇のなかにいるのも同然だ、と。

リヴァーマンはまた、人間の驕りにひそむ皮肉を指摘する。「動物は条件などつけずに私たちに与えてくれる。そのことは科学的にも証明されている」。彼女は正しい。最近では、動物の個体がもつ心の知能指数の高さを調査する研究者が増えてきている。[9] 多くのヒトが直観的にはすでに気づいていることが、科学の主流に組み入れられているのだ。「たいていのヒトは、気分がすぐれないときに、イヌやネコなどに癒やされたことがあるはずよ」。ヒトと動物は、お互いを思いやる、強固な感情的絆を結ぶ。

「私はウマたちをとことん信頼している」とリヴァーマンは言う。私はそれを聞いて、ロリ・シュミットがオオカミたちと結んだ絆について説明したときのことを思い出した。シュミットが築いた関係性つまり絆は、単純化して言うなら、まさに「信頼」だった。

個体間の絆にはさまざまな形がある。バイオフィリアもその一例だ。エドワード・O・ウィルソンはこのバイオフィリアという概念について、「生命および生命に似た過程に対して関心を抱く生得的傾向」と定義している。[10] ヒトにはそれぞれ生まれつき自然を愛し、自然に惹きつけられる心が備わっている、とウィルソンは主張する。私たちは、本能と理性の両方によって目新しさや多様性を評価する。また、特定の野生動物や家畜との出会いに向けて、生まれたときから準備をしている。その出会いはときに極度に感情的なものになり、長期にわたって関係性が続くこともある。ウィルソンだけでなく、ほかの多くの科学者も研究対象である動物と絆を結ばずにはいられなかった。第1章で研究者たちがオオカミをどう説明していたか、思い出してほしい。それぞれの科学者が、特定の個体に関する独自の逸話をもっていた。そうした逸話はおもしろいだけでなく、科学者が研究対象の動物と独自のつながりをもつことができることの証明にもなっていたのだ。

博士研究員《ポスドク》のピューマ研究者であるデイヴィッド・ストーナーは、一頭のピューマとの逸話を語ってくれた。そのピューマは、ほかのどのピューマと違っていた。「メスで……六番と呼んでいました」。ストーナーは、優秀な成績を修めた娘のことを誇らしげに語る父親のように、目を輝かせてこの話をした。「六番には六八番という妹がいました。ちなみに六八は、僕が生まれた年でもあります」[11]

ストーナーは六番を二回捕獲したが、どちらも忘れられない出来事になった。一回目に捕獲したときは、丸一日追いかけるはめになった。六番は足を止めて、木に身を潜めたりしなかったからだ。ようやく追い詰めた頃には夜になっていた。ストーナーらは、高山の深い雪に足を取られながら長時間歩き続けたあとだった。「ひどく寒くて、おまけに僕はまだ調査の初心者でした」とストーナーは言う。野生動物に麻酔銃の矢を当てるのは、テレビだとすごく簡単そうに見える。追跡者が一発撃てば、動物が意識を失うといった具合に。しかし実際には、かなり多くのことに気を配らなければならない。冬であれば、矢を撃つ前にシリンジに入った麻酔薬のケタミンが凍ってしまうこともある。針の穴が詰まると、動物に命中させても薬の一部しか行き渡らず、まったく行き渡らないこともある。

「彼女は倒れなかった」。ストーナーは焦った。「ただ、薬の量を増やして撃ち続けるしかありませんでした」。ケタミンには安全域が広いというありがたい利点があり、多少撃ちすぎてもめったに過量投与にはならないことを彼は知っていた。数発撃ったあとにようやく六番を眠らせ、木から下ろした。「僕は彼女を膝の上に載せ、温めながら、ペットのネコにやるみたいになだめました」。一時間後、六番が十分に回復したのを確認すると、発信器付きの首輪をつけて安全な場所に置き、真夜中の山を歩いて帰った。翌日、ストーナーが確認しにいくと、うれしいことに彼女は無事だった。

ストーナーは、彼女の行動を追跡し、どこで何をしたかを調べることで、習慣を確かめた。首輪の発信器のバッテリーが切れそうになったら、彼女を見つけて捕獲し、首輪を付け替える必要があった。ストーナーは、「ケタミン・クイーン」と呼ばれるようになっていたこのピューマにほかの個体にはないものを感じるようになっていた。しかし、ストーナーと六番の絆が深まったのは、二回目に遭遇したときだった。

二回目の捕獲も一日がかりの追跡になった。このとき、六番は木に登るのではなく、古い採鉱場の建物に通じる大きな排水管のなかに逃げ込んだ。排水管は建物のなかで、地下室とも貯水槽とも言えそうな、広い地下空間につながっていた。ストーナーは、グラグラして不安定な床板の上を歩き、地下にいる六番の上のあたりに来た。それから床板を数枚外し、地下にある空間を覗き込んだ。六番はコンクリートの仕切り壁の上にすわっていた。驚いた六番は、壁から床の上に飛び降りた。だが不運にも、そこには薄い氷の張った水が溜まっていた。六番は氷を突き破り、浅い水に落ちた。

ストーナーは、下から聞こえる水をかきまわす音や荒い息遣いに肝を冷やしたが、ピューマが氷のシートの上によじ登るのを見てほっとした。アドレナリンが体のなかを駆けめぐり、祈るような気持ちになった。一発撃ったが、外した。暗いうえに、高角度からの狙いだったため、まともに命中させるのは不可能だった。数発撃った矢は、深淵に消えていった。彼は古い消火ホースが積まれているのを見つけると、それを配管に巻きつけ、ホースを伝って地下に降りた。「葉っぱのように震え」ながらも「海軍特殊部隊さながらに」壁から離れてホースで体を支え、銃に最後の矢を装塡した。下の氷が薄く、そのまま立っていると危なかったので、壁に寄りかかって狙いを定めた。矢を撃つ。突き刺さる。彼女は崩れ落ち、眠り込んだ。ストーナーは首輪をもって引き寄せ、上にいた仲間がふたりを引き上げた。ストーナーはピューマの体を拭いてから毛布で包み、首輪を交換した。「信じられないくらいタフな動物なんですよ」と彼は笑って言った。ピューマは九つの命をもっているのだ。

その後も六番は生き続け、オスとメスの子供を一匹ずつ産んだ。メスの子供は同じエリアにとどまって生息していた。ストーナーは、のちに母親となるそのメスを一〇年間観察した。オスの子供はそのエリアを離れ、生息数の多いソルトレイクバレーを越えて、サンダンスのスキー場のあたりに住み着いた。六番は、ストーナーにとって調査しがいのある動物で、数多くのデータが得られ、博士号の取得にもつながった。一方で、彼女は面倒見がよく、創造性豊かな母親でもあった。そんなストーナーお気に入りのピューマは、数年後に山のなかで死んだ。死因はわからなかった。死体を見つけたとき、彼女は「ベッドの上のネコのように」体を丸めており、ただ眠っているだけのように見えたという。

その話を聞いていると、一頭のピューマとひとりの男のあいだに特別な絆が生まれていたのがわかる。「彼女はピューマについて多くのことを教えてくれたし、いかに適応力の高い動物であるかがわかりました」とストーナーは言う。彼女の行動圏には、多くのヒトが活動を行う採鉱場が含まれていた。教科書通りのピューマなら、そんな場所に行くのは耐えられないだろう。だが、六番は人工の建造物を獲物の隠し場所に利用した。二匹の子供を古い土管のなかで育てた。また、夜に近所をうろつき、車にはねられて死んだ動物をほかの個体に先んじてとってきた。ストーナーは、そんな彼女を「きわめて実利的な動物」と表現する。彼女は、自分の都合にあうものならなんでも利用した。六番はほかのどの個体とも違う、二度と会えないようなピューマだった。

グレッチェンへの弔辞――

それは、あのイヌに対する愛を表明することだ。私も科学者だから、この愛という感情がニューロンの発火であり、哺乳類の脳に備わった機能であることはわかっている。私は捕食者ではあるものの、動物を愛することが生理機能にバイオフィリアとして自然に備わっている。私は生まれながらにして、その準備ができている。ほかの哺乳類にも類似した生理学的構造や脳の領域が備わっていることから、私たちヒトと同じ感情をいくらかもっていることは疑いようがない（動物には深い感情がないなんて誰が言い切れるだろう?）。したがって、動物とのふれあいで行われる、なめたり、鼻を押しつけたり、喉を鳴らしたりといった行為には、私が感じ、解釈しているのと同じ動機や意図があると想像してもかまわないと思う。

ケイナインズ・ウィズ・ア・コーズの場合のように、種を越えた強い絆やコミュニケーションによってヒトは救われることがある。しかし、その愛を失うと、時に私たちは深い傷を負う。捜索救助犬にしてビールを取ってきてくれるわが相棒、グレッチェンが徐々に心と体のコントロールを失っていった頃のことは、いまでもはっきりと覚えている。数年のあいだに足がこわばり、動きが遅くなった。体の衰えは免れえなかった。薬がまったく効かなくなると、その目はますますくすんでいった。そのうち、耳が遠くなりだした。その美しい心も、くすんだ瞳の奥でしぼんでしまったのではないかと私は心配になった。

グレッチェンは鼻でまだ私を認識できていた。嗅覚がとても鋭敏だったから、視角や聴覚の衰えはそれほど問題にならなかったのかもしれない。しばらくは、においを頼りに家のなかを移動することができた。しかし、次第に移動するのも難しくなっていった。彼女は明らかな体の痛みがあったわけではないけれど、心をひどく痛めていたに違いない。とりわけ、グレッチェンはじっくりと考えて課題を解決するイヌだったから。

彼女は誰よりも私のことを信頼していた。一番元気な頃であれば、やすやすとカヌーに飛び乗り、波止場から海に飛び込むことだっていとわなかった――私はただ指を鳴らすだけでよかった。グレッチェンは梯子を上り、排水溝を這って進み、状況を読みながら行方不明者を探した。私は、グレッチェンを何より信頼していたし、その能力を疑わなかった。

ある日、グレッチェンが部屋の隅をぼんやり見つめているのを見つけた。彼女は鼻先を壁から壁へ、左から右へと動かしていた。頭が混乱して、馴染みのあるダイニングルームで迷子になっていたのだ。また別の日、同じ部屋の床の上で目を覚ました彼女は、自分の尿でできた水たまりのなかにいるのに気づき、途方にくれていた。私が体をきれいにしているあいだ、彼女は動揺したようすでにおいを嗅ぎ、見えない目で遠くを見つめていた。地球上で一番すばらしいイヌだった彼女が、どうすれば心も体もコントロールできずに、ただまごつくばかりになってしまうのか、私には理解できなかった。

あなたには安楽死させるべきときがわかるはずですよ、とよい獣医なら言うだろう。いつ限界に達したかは、その時が来ればわかる。病院は、手引きもチェックリストも用意せず、自分の心に尋ねてみてくださいと言うだけだ。その時がいつかは、飼い主が知っている。

グレッチェンは枕の上に横たわった。とても疲れて、混乱しているようだった。私は彼女をハグして慈しんだ。やがて彼女は、私を信頼しきったまま、安らかに息を引き取った。すぐに苦悶から解放され、体の力が抜けた。私はキスし、愛撫し、とめどなく泣いた。いまでも、彼女のことを思うと涙が出て、ひどく寂しくなる。

それはイヌの死ではなかった。ペットや伴侶動物の死でもなかった。それはグレッチェンの死だった。科学者や哲学者が何を考えていようと知ったことではない。彼女には確かに感情や知性があった。彼女にしかない個性と潜在能力があった。彼女と私には特別な絆があった。それを信じているだとか、彼女を失ってどんなに深い感情が生まれたかということを取り立てて言うつもりはない。ただ、彼女のような存在はもう二度と現れないだろう。


簡単に言えば、絆とは愛である。愛とは個体を、他者と、とりわけ決まった他者と協力したいという気持ちにさせる前向きな力であり、強力な生化学的・感情的フィードバック機構である。実際のところ、私たちはとても利己的な理由で愛したいと思っている。というのも、愛することは抗えないほど気分がいいことだからである。また、ダーウィンが結論づけたように、情動反応はあらゆる点で進化上の意義をもつ。

とはいえ、愛はもっと複雑なものでもあり、私たちを瞬間的な満足から遠ざかる行動に駆り立てる。すばらしいシナリオばかりではなく、個体間の関係に不快を引き起こすこともあるだろう。私は息子に歯を磨かせ、野菜を食べさせ、時間どおりにベッドに入らせる。私はある意味、小言をあれこれと言って息子を苦しめているわけだが、そうした対立や不協和音を生み出すのも私が息子を愛すればこそである。そこに愛のパラドックスがある。誰かを本当に愛すれば、時に相手をいらつかせる必要が生じる。愛が出産の苦痛をもたらすこともある。私の息子の母親が経験したように。また、真実の愛がもつ痛みや皮肉を甘受しなければならないこともある。愛する相手を完全に手放し、自由にさせることを進んで望まなければならない、というように。これも、私の息子の母親が関わるケースだが。

ヒトは気軽に愛を口にする。ネコが好き、イヌが好きと言うのに愛《ラブ》という言葉を使う。そして愛しもする。私たちは同じ種の個体とも、別の種の個体とも絆を結ぶ。ペットに餌を与え、世話をして、個体のレベルで喜びを与えることもできれば、遺伝子の伝播を助けることで、進化のレベルで「喜び」を与えることもできる。これはすべて、愛のプログラミングの結果である。

すべての動物種に個性は存在する。そして、行動の多様性は進化を可能にする基本的な力である。多様性とは、感じがいいだけの「政治的に正しい《ポリティカリー・コレクト》」言葉であるだけではなく、集団における科学的に実証可能な力であるという考えを、科学者も専門外の人も（政治家も含めて）支持するべきである。長い目で見れば、多様性、特に行動における多様性によって、ヒトは自然界の変動を生き抜くことができるだろう。ヒトは個体として互いを必要としており、個性や、希望や、夢や、欲望が衝突するときには、その影響を和らげる方法を探るものであることを、私たちは知っておく必要がある。あらゆる動物には個体レベルで個性があることを学び、それを受け入れることができたなら、私たちはみんな、いまより向上できるだろう。それで、いまの自分らしさを多少あきらめることになったとしても。

個体間で絆を結び、互いに助けあうことが、私たちに備わった不協和音を和らげるメカニズムである。科学者がこう書いてもドライに感じるだけかもしれない。ただ、生物には協力する必要性があることを表現しようとすると、最終的にはこうした詩的な表現にたどりつく。自分たちはほかの生物種を必要としないほどすぐれているという考えを、ヒトは手放せるだろうか。そして、ほかの種すべてと最適な形で絆を結び、協力しあうという方向へ舵を切るだろうか。この世界から痛みや苦しみがなくなることはないだろう。生命はそうした痛みや苦しみ、あるいは死がなければ存在しえない。だが、私たちの関係性や私たちという存在をより適切なものにすることはできる。

ヒトは、自分の価値観と合わなくても、あるいは対立すると思っても、お互いを認めて信頼するという選択をすることができる――ほかのヒトとであれ、ほかの生物種とであれ。たとえば私はこの本の一ページ目で、ピングイノについて、うるさくて、催促がましい厄介なネコだと書いた。それ以降、私はいろんなことを学んだ。時には生き抜くために役立たずになる必要もあると、ピングイノは教えてくれた。また、時には爪を使うよりも喉を鳴らすほうが有効であることも教えてくれた。いまでも彼はユニークな個性と強い意志の持ち主だ。それにときどき手こずらされることもあるが、多くのものを提供してくれている。元気づけるように私の膝の上で丸くなられると、彼を愛しているという気持ちが湧いてくるのは否定できない。ピングイノは役に立つ動物でもなければ、ヒトやイヌのように社会性があるわけでもない。しかし、このネコが私を良き友と思い、狭い塹壕に一緒に入っているような兄弟愛を多少は感じてくれているのは間違いない。私たちは絆で結ばれている。愛——それは二匹の動物が、まったく違う形や個性をしていても、ともに成長することを余儀なくさせるメカニズムなのだ。

謝辞

まずはいつものように、本書の執筆を許してくれた息子のフォックスに「ありがとう」と言いたい。フォックスは、親に世話をやかせる少年から、独立した立派な——自分自身の個性を備えた——大人へと移行する大事な時期にあった。私もできるかぎりよい父親であろうとして、息子を理解し受け入れるように努めてきた。フォックス、おまえの父親であることをとても誇りに思う。おまえが小学一年生のときにポチポチとタイピングして打ち出してくれた「フォックスからパパへタイピングじょうずだよ!」というメッセージは、机の上にずっと置いておいて、執筆するときの励みにするつもりだ。

長い年月をかけて、私は何十頭ものコヨーテを野外および捕獲下で調査し、それぞれの個体の違いを観測してきた。本書のアイディアは、こうした観察をするなかで生まれたものだ。ただし、私の擁護者であるファイン・プリント・リテラリー・マネージメント社のローラ・ウッドが実りある提案をしてくれなければ、このアイディアが浮かぶこともなかっただろう。ローラの励ましや洞察力、そして編集の際に見せてくれた寛大さにも感謝したい。彼女は自分の職責をはるかに超えて、本書の制作に力を注いでくれた。ビーコン社の担当編集者であるウィル・マイヤーズは、思慮深く、絶えず献身的に仕事にあたってくれた。彼の編集によって、散漫だった私の原稿は見違えるほどよくなった。労力を惜しまないその仕事ぶりには、感謝しても感謝しきれない。このプロジェクトに対する彼の情熱と興奮が周囲を動かした。私自身、彼のおかげでどれほど元気づけられたことか。また、校正作業を粘り強く完璧にこなしてくれたスーザン・ルメネッロとアンドレア・リーにも感謝の気持ちを伝えたい。このプロジェクトを前進させるために裏側で動いてくれたビーコン社のすべてのスタッフにお礼を言いたい。

主要文献からその研究を引用させてもらった多くの科学者に感謝する。本書のために行った調査は、私にとって間違いなくこれまでで一番楽しいものになった。クモやアメンボやハチ、そしてカニに至るまで、あらゆる生物に個性が備わっていることを知るのは楽しい経験だった。読者の皆さんにも、同じぐらい楽しんでもらえることを願っている。時間をつくって、自分の研究やアイディアについて話してくれたレネ・ダックワース、エリザベス・リヴァーマン、デニス・チェン、デイヴィッド・ストーナー、リン・ギルバート＝ノートン、パトリック・マイヤーズ、ロリ・シュミット、ジェイミー・ストレンジには特に感謝している。また、構想を練っていた数年間と、資料を集めて本書の執筆に取り組んでいた期間、私を支えてくれた数多くの友人や家族にも感謝を伝えたい。ふたりの小さな「リス」たちの熱意もありがたかったが、なかでもタラ・ジョルゲンソンには感謝しなければなるまい。タラがちょうどいい塩梅でせっついてくれたおかげで、私は本書の企画書を作成し、提出することができた。また執筆中も、自分のことを差しおいて私を支えてくれた。あらためて、感謝の意を表したい。

注

第1章　わが愛猫と定説

1　The Wildlife Society, "Final Position Statement: Feral and Free-Ranging Domestic Cats," Wildlife Society, 2011.

2　Carl Safina, *Beyond Words: What Animals Think and Feel* (New York: New Picador, 2016).

3　Marc Bekoff and Jane Goodall, *The Emotional Lives of Animals: A Leading Scientist Explores Animal Joy, Sorrow, and Empathy-and Why They Matter* (Novato, CA: New World Library, 2008).［『動物たちの心の科学——仲間に尽くすイヌ，喪に服すゾウ，フェアプレイ精神を貫くコヨーテ』マーク・ベコフ著／高橋洋訳／青土社／ 2014年］

4　Jeffrey Moussaieff Masson and Susan McCarthy, *When Elephants Weep: The Emotional Lives of Animals* (New York: Delta, 1996).［『ゾウがすすり泣くとき——動物たちの豊かな感情世界』J.M. マッソン , S. マッカーシー著／小梨直訳／河出書房新社／ 2010年］; Cynthia Moss and Martyn Colbeck, Echo of the Elephants: The Story of an Elephant Family (New York: William Morrow, 1993).［『象のエコーと愛の物語——滅びゆくアフリカ象の美しくも哀しい生活を追って』シンシア・モス著，マーティン・コルベック写真／佐草一優訳／騎虎書房／1996年 ］; G. A. Bradshaw, *Elephants on the Edge: What Animals Teach Us About Humanity* (New Haven, CT: Yale University Press, 2009).

5　Frans de Waal, *The Bonobo and the Atheist: In Search of Humanism Among the Primates* (New York: W. W. Norton, 2014).［『道徳性の起源 : ボノボが教えてくれること』フランス・ドゥ・ヴァール著／柴田裕之訳／紀伊國屋書店／ 2014年］

6　Charles Darwin, *The Expression of the Emotions in Man and Animals* (London: John Murray, 1872).［『人及び動物の表情について』チャールズ・ダーウィン著／浜中浜太郎訳／岩波書店／ 1931年］

7　同前。

8　George John Romanes, *Animal Intelligence* (London: K. Paul, Trench, 1882).

9　C. Lloyd Morgan, *An Introduction to Comparative Psychology* (London: Charles Scribner's Sons, 1896).

10　同前，120ページ。

11　同前。

12　Judith Goodenough, Betty McGuire, and Robert A. Wallace, *Perspectives on Animal Behavior* (Hoboken, NJ: Wiley, 1993).

13　C. D. Fryar, Q. Gu, and C. L. Ogden, "Anthropometric Reference Data for Children and Adults: United States, 2007-2010," National Center for Health Statistics, Vital and Health Statistics Series 11, no. 252 (2012).

14 平均体重の成人男性の比率を出すために，私はまず疾病管理センターのデータにある米国人男性の体重を参照した。平均体重は88.5キログラム，サンプル数は5,651で，平均誤差（SE）が0.99だった。この情報を使って標準偏差（SD）を逆算すれば，$SD = SE(\sqrt{n}) = 74.42$となる。これらの数値と標準正規確率に基づいて計算すると，88.2キロから88.7キロのあいだに入る男性の確率は0.00896となる。

15 Rebecca A. Fox et al., "Behavioural Profile Predicts Dominance Status in Mountain Chickadees," *Animal Behaviour* 77, no. 6 (June 2009): 1441-48.

16 T. D. Williams, "Individual Variation in Endocrine Systems: Moving Beyond the 'Tyranny of the Golden Mean,'" *Philosophical Transactions of the Royal Society B: Biological Sciences* 363, no. 1497 (May 2008): 1687-98.

17 De Waal, *The Bonobo and the Atheist*.［『道徳性の起源：ボノボが教えてくれること』フランス・ドゥ・ヴァール著］

18 Lee C. Drickamer and Stephen H. Vessey, *Animal Behavior: Concepts, Processes, and Methods* (Boston: PWS Publishers, 1986).

19 Temple Grandin and Catherine Johnson, *Animals in Translation: Using the Mysteries of Autism to Decode Animal Behavior* (Orlando, FL: Harcourt, 2006).［『動物感覚：アニマル・マインドを読み解く』テンプル・グランディン，キャサリン・ジョンソン著／中尾ゆかり訳／日本放送出版協会／2006年］

20 K. R. L. Hall and George B. Schaller, "Tool-Using Behavior of the California Sea Otter," *Jounal of Mammalogy* 45, no. 2 (May 1964): 287-98.

21 Gema Martin-Ordas, Lena Schumacher, and Josep Call, "Sequential Tool Use in Great Apes," *PLoS ONE* 7, no. 12 (December 26, 2012); J. J. H. St. Clair and C. Rutz, "New Caledonian Crows Attend to Multiple Functional Properties of Complex Tools," *Philosophical Transactions of the Royal Society B: Biological Sciences* 368, no. 1630 (October 7, 2013): 20120415.

22 Michael Krutzen et al., "Cultural Transmission of Tool Use in Bottlenose Dolphins," *Proceedings of the National Academy of Sciences of the United States of America* 102, no. 25 (2005): 8939-43.

23 Helene Cochet and Richard W. Byrne, "Evolutionary Origins of Human Handedness: Evaluating Contrasting Hypotheses," *Animal Cognition* 16, no. 4 (July 2013): 531-42, doi:10.1007/s10071-013-0626-y.

24 William D. Hopkins et al., "Hand Preferences for Coordinated Bimanual Actions in 777 Great Apes: Implications for the Evolution of Handedness in Hominins," *Journal of Human Evolution* 60, no. 5 (May 2011): 605-11.

25 Miquel Llorente et al., "Population-Level Right-Handedness for a Coordinated Bimanual Task in Naturalistic Housed Chimpanzees: Replication and Extension in 114 Animals from Zambia and Spain," *American Journal of Primatology* 73, no. 3 (March 1, 2011): 281-90.

26 M. A. Hook and L. J. Rogers, "Development of Hand Preferences in Marmosets

(*Callithrix jacchus*) and Effects of Aging," *Journal of Comparative Psychology* 114 (September 2000): 263-71.
27 Andrey Giljov et al., "Parallel Emergence of True Handedness in the Evolution of Marsupials and Placentals," *Current Biology* 25, no. 14 (July 2015): 1878-84.
28 Robert B. Found, "Ecological Implications of Personality in Elk," doctoral thesis, University of Alberta, 2015.
29 Christopher McDougall, "Natural Born Heroes," *RadioWest*, November 6, 2015, http://radiowest.kuer.org/post/natural-born-heroes-1.
30 Jennifer Bove, ed., *Back Road to Crazy: Stories from the Field* (Salt Lake City: University of Utah Press, 2005). Much of the account in this section is adapted from "Dances with Coyotes," a chapter I wrote for Bove.
31 同前。
32 著者によるロリ・シュミットへのインタビュー，2016年3月4日付。
33 Richard P. Thiel, Allison C. Thiel, and Marianne Strozewski, *Wild Wolves We Have Known: Stories of Wolf Biologists' Favorite Wolves* (Ely, MN: International Wolf Center, 2013).
34 同前。
35 同前，204ページ。
36 Kathryn Payne, William R. Langbauer Jr., and Elizabeth M. Thomas, "Infrasonic Calls of the Asian Elephant (*Elephas maximus*)," *Behavioral Ecology and Sociobiology* 18 (1986): 297-301.
37 Simon Gadbois and Catherine Reeve, "Canine Olfaction: Scent, Sign, and Situation," in *Domestic Dog Cognition and Behavior*, ed. Alexandra Horowitz (Berlin: Springer Berlin Heidelberg, 2014), 3-29.
38 Matthew Alice, "Dogs Can Smell Better Than People, but Exactly How Much Better?," *San Diego Reader*, November 15, 2001, http://www.sandiegoreader.com/news/2001/nov/15/dogs-can-smell-better-people-exactly-how-much-bett/.
39 L. J. McShane et al., "Repertoire, Structure, and Individual Variation of Vocalizations in the Sea Otter," *Journal of Mammalogy* 76, no. 2 (May 19, 1995): 414-27.
40 Payne, Langbauer, and Thomas, "Infrasonic Calls of the Asian Elephant (*Elephas maximus*)."
41 Patrick Bateson, "Assessment of Pain in Animals," *Animal Behviour* 42 (1991): 827-39.

第2章　個性の謎

1 Stephen J. Suomi, Melinda A. Novak, and Arnold Well, "Aging in Rhesus Monkeys: Different Windows on Behavioral Continuity and Change," *Developmental Psychology* 32, no. 6 (1996): 1116-28.
2 同前，1116ページ。.
3 Alecia J. Carter et al., "Animal Personality: What Are Behavioural Ecologists

Measuring?," *Biological Reviews* 88, no. 2 (May 2013): 465-75.
4 "Overview of Personality Assessment," version 15, *Boundless*, May 26, 2016, https://www.boundless.com/psychology/textbooks/boundless-psychology-textbook/personality-16/assessing-personality-84/overview-of-personality-assessment-321-12856/.
5 C. G. Jung, *Psychological Types: Or, the Psychology of Individuation*, trans. H. Godwyn Baynes (New York: Harcourt, Brace, 1923).［『タイプ論』C.G. ユング著／林道義訳／みすず書房／1987年］ほか．
6 Isobel Briggs Myers, Mary H. McCaulley, and Robert Most, *Manual: A Guide to the Development and Use of the Myers-Briggs Type Indicator* (orig. pub. 1962; Palo Alto, CA: Consulting Psychologists Press, 1985).
7 M. Drayton, "The Minnesota Multiphasic Personality Inventory-2 (MMPI-2)," *Occupational Medicine* 59, no. 2 (March 1, 2009): 135-36.
8 Samuel D. Gosling, Virginia S. Y. Kwan, and Oliver P. John, "A Dog's Got Personality: A Cross-Species Comparative Approach to Personality Judgments in Dogs and Humans," *Journal of Personality and Social Psychology* 85, no. 6 (2003): 1161-69.
9 "Personality Test Based on C. Jung and I. Briggs Myers Type Theory," Jung Typology Test, http://www.humanmetrics.com/cgi-win/jtypes2.asp.
10 "What Myers-Briggs Personality Type Was Adolf Hitler?," *Quora*, https://www.quora.com/What-Myers-Briggs-personality-type-was-Adolf-Hitler, accessed August 20, 2016.
11 Kenneth Libbrecht, *Ken Libbrecht's Field Guide to Snowflakes* (St. Paul: Voyageur Press, 2006).［『雪の結晶：小さな神秘の世界　新装版』ケン・リブレクト著／矢野真千子訳／河出書房新社／2019年］
12 Goodenough, McGuire, and Wallace, *Perspectives on Animal Behavior*.
13 Konrad Lorenz, "The Evolution of Behavior," *Scientific American* 199 (1958): 67-68.
14 Denise Cheung, author interview, March 25, 2016.
15 Walter G. Joyce, "The Origin of Turtles: A Paleontological Perspective," *Journal of Experimental Biology Part B: Molecular and Developmental Evolution* 324 (2015): 181-93.

第3章　勇敢な闘士か，愛情深きものか

1 Paul R. Ehrlich, David S. Dobkin, and Darryl Wheye, *The Birder's Handbook: A Field Guide to the Natural History of North American Birds* (New York: Simon and Shuster, 1988).
2 R. A. Duckworth, "Aggressive Behaviour Affects Selection on Morphology by Influencing Settlement Patterns in a Passerine Bird," *Proceedings of the Royal Society B: Biological Sciences* 273, no. 1595 (July 22, 2006): 1789-95.
3 Ehrlich, Dobkin, and Wheye, *Birder's Handbook*.
4 Duckworth, "Aggressive Behaviour Affects Selection."

5 R. A. Duckworth, "Behavioral Correlations Across Breeding Contexts Provide a Mechanism for a Cost of Aggression," *Behavioral Ecology* 17, no. 6 (November 1, 2006): 1011-19.

6 著者によるレネ・ダックワースへのインタビュー，2016年10月15日付。

7 Fox et al., "Behavioural Profile Predicts Dominance Status in Mountain Chickadees."

8 Kapil K. Khadka and Matthias W. Foellmer, "Does Personality Explain Variation in the Probability of Sexual Cannibalism in the Orb-Web Spider *Argiope aurantia*?," *Behaviour* 150, no. 14 (January 1, 2013): 1731-46.

9 Aric W. Berning et al., "Sexual Cannibalism Is Associated with Female Behavioural Type, Hunger State and Increased Hatching Success," *Animal Behaviour* 84, no. 3 (September 2012): 715-21.

10 同前，719ページ。

11 Goran Arnqvist and Stefan Henriksson, "Sexual Cannibalism in the Fishing Spider and a Model for the Evolution of Sexual Cannibalism Based on Genetic Constraints," *Evolutionary Ecology* 11, no. 3 (May 1997): 255-73.

12 David L. Hu, Brian Chan, and John W. M. Bush, "The Hydrodynamics of Water Strider Locomotion," *Nature* 424 (2003): 663-66.

13 Andrew Sih and Jason V. Watters, "The Mix Matters: Behavioural Types and Group Dynamics in Water Striders," *Behaviour* 142, no. 9-10 (2005): 1417-31.

14 Goran Arnqvist, "Pre-Copulatory Fighting in a Water Strider: Inter-Sexual Conflict or Mate Assessment?," *Animal Behaviour* 43 (1992): 559-67.

15 K. Okada et al., "Sexual Conflict over Mating in *Gnatocerus Cornutus*? Females Prefer Lovers Not Fighters," *Proceedings of the Royal Society B: Biological Sciences* 281, no. 1785 (May 7, 2014).

16 同前。

17 Stephanie S. Godfrey et al., "Lovers and Fighters in Sleepy Lizard Land: Where Do Aggressive Males Fit in a Social Network?," *Animal Behaviour* 83, no. 1 (January 2012): 209-15.

18 同前。

19 "*This Is Spinal Tap*," *Wikipedia* entry, https://en.wikipedia.org/w/index.php?title=This_Is_Spinal_Tap&oldid=738165828, accessed September 7, 2016.

第4章　食べるか，食べられるか

1 Robert M. Timm et al., "Coyote Attacks: An Increasing Suburban Problem," paper, 69th North American Wildlife and Natural Resources Conference, Spokane, WA, 2004.

2 John A. Shivik, *The Predator Paradox: Ending the War with Wolves, Bears, Cougars, and Coyotes* (Boston: Beacon Press, 2014).

3 Gordon Grice, *Deadly Kingdom: The Book of Dangerous Animals* (New York: Dial

Press, 2010).

4 Mark E. McNay, "A Case History of Wolf-Human Encounters in Alaska and Canada," *Alaska Department of Fish and Game Technical Bulletin* 13 (2002).

5 Marco Musiani and Elisabetta Visalberghi, "Effectiveness of Fladry on Wolves in Captivity," *Wildlife Society Bulletin* 29, no. 1 (April 1, 2001): 91-98.

6 Nathan Lance, "Application of Electrified Fladry to Decrease Risk of Livestock Depredations by Wolves (*Canis lupus*)," master's thesis, Utah State University, 2009.

7 著者によるパトリック・マイヤーズへのインタビュー，2016年8月19日付。

8 Donald W. Meyers, "Utah Family Wants Bear Alert in Dead Son's Name," *Salt Lake Tribune*, May 4, 2011, http://archive.sltrib.com/story.php?ref=/sltrib/news/51750448-78/bear-ives-family-sam.html.csp.

9 "Girl, 12, Thought She Was a 'Goner' in Bear Attack," *ABC News*, August 20, 2013, http://abcnews.go.com/US/12-year-girl-thought-goner-bearattack/story?id=19997134.

10 Stephen Herrero, *Bear Attacks: Their Causes and Avoidance* (orig. pub. 1985; Guilford, CT: Lyons Press, 2002)『ベア・アタックス——クマはなぜ人を襲うか』スティーヴン・ヘレロ著／嶋田みどり，大山卓悠訳／北海道大学図書刊行会／二〇〇〇年］; Stephen Herrero et al., "Fatal Attacks by American Black Bear on People: 1900-2009," *Journal of Wildlife Management* 75, no. 3 (2011): 596-603.

11 著者によるマイヤーズへのインタビュー。

12 Cristina Eisenberg, *The Wolf's Tooth: Keystone Predators, Trophic Cascades, and Biodiversity* (Washington, DC: Island Press, 2011); William Stolzenburg, *Where the Wild Things Were: Life, Death, and Ecological Wreckage in a Land of Vanishing Predators* (New York: Bloomsbury, 2008).［『捕食者なき世界』ウィリアム・ソウルゼンバーグ著／野中香方子訳／文春文庫／ 2014年］

13 Joel Berger, *The Better to Eat You With: Fear in the Animal World* (Chicago: University of Chicago Press, 2008).

14 William J. Ripple and Robert L. Beschta, "Wolves and the Ecology of Fear: Can Predation Risk Structure Ecosystems?," *BioScience* 54, no. 8 (2004): 755.

15 Berger, *The Better to Eat You With.*

16 "Do Animals Have Personality? The Importance of Individual Differences," *BioScience* 62, no. 6 (June 2012): 533-37.

17 Found, "Ecological Implications of Personality in Elk."

18 Lynne Gilbert-Norton, author interview, October 7, 2016.

19 Laurel Braitman, *Animal Madness: Inside Their Minds* (orig. pub. 2014; New York: Simon & Schuster, 2015).［『留守の家から犬が降ってきた——心の病にかかった動物たちが教えてくれたこと』ローレル・ブライトマン著／飯嶋貴子訳／青土社／ 2019年］

20 J. Chadwick Johnson and Andrew Sih, "Fear, Food, Sex and Parental Care: A Syn-

drome of Boldness in the Fishing Spider, *Dolomedes triton*," *Animal Behaviour* 74, no. 5 (November 2007): 1131-38.

21 L. T. Reaney and P. R.Y. Backwell, "Risk-Taking Behavior Predicts Aggression and Mating Success in a Fiddler Crab," *Behavioral Ecology* 18, no. 3 (March 30, 2007): 521-25.

22 Claudio Carere and Dario Maestripieri, *Animal Personalities: Behavior, Physiology, and Evolution* (Chicago: University of Chicago Press, 2013).

23 J. L. Quinn, E F. Cole, J. Bates, R. W. Payne, and W. Cresswell, "Personality Predicts Individual Responsiveness to the Risks of Starvation and Predation," *Proceedings of the Royal Society B* 279 (2012): 1919-26.

24 Andrew Sih, Lee B. Kats, and Eric F. Maurer, "Behavioural Correlations Across Situations and the Evolution of Antipredator Behaviour in a Sunfish-Salamander System," *Animal Behaviour* 65, no. 1 (January 2003): 29-44.

25 Andrew Sih and Lee B. Kats, "Age, Experience, and the Response of Streamside Salamander Hatchlings to Chemical Cues from Predatory Sunfish," *Ethology* 96, no. 3 (January 12, 1994): 253-59, doi:10.1111/ j.1439-0310.1994.tb01013.x.

26 Sih, Kats, and Maurer, "Behavioural Correlations Across Situations and the Evolution of Antipredator Behaviour in a Sunfish-Salamander System."

27 同前。

第5章　群れか単独か

1 著者によるエリザベス・リヴァーマンへのインタビュー，2016年6月18日付。

2 Touched by a Horse, http://www.touchedbyahorse.com/.

3 Susan Riechert and Thomas Jones, "Phenotypic Variation in the Social Behaviour of the Spider *Anelosimus studiosus* Along a Latitudinal Gradient," *Animal Behaviour* 75, no. 6 (June 2008): 1893-1902. 私はこの論文の表1のデータを用いて，緯度とメスの最大個体数の単純な相関関係を計算した。得られた決定係数（r^2：モデルが実際のデータとどの程度一致しているかを示す指標）は0.71であった。これは，巣におけるメスの個体数のばらつきのうち71パーセントが，巣がつくられている緯度によって説明できることを示す。

4 同前。

5 Uta Seibt and Wolfgang Wickler, "Why Do 'Family Spiders,' *Stegodyphus (Eresidae)*, Live in Colonies?," *Journal of Arachnology* (1988): 193-98.

6 Thomas C. Jones et al., "Fostering Model Explains Variation in Levels of Sociality in a Spider System," *Animal Behaviour* 73, no. 1 (January 2007): 195-204.

7 Godfrey et al., "Lovers and Fighters in Sleepy Lizard Land."

8 Culum Brown and Eleanor Irving, "Individual Personality Traits Influence Group Exploration in a Feral Guppy Population," *Behavioral Ecology* 25, no. 1 (October 3, 2013).

9 Shermin de Silva, Ashoka D. G. Ranjeewa, and Sergey Kryazhimskiy, "The Dynamics

of Social Networks Among Female Asian Elephants," *BMC Ecology* 11, no. 17 (July 27, 2012).
10 David Lusseau et al., "Quantifying the Influence of Sociality on Population Structure in Bottlenose Dolphins," *Journal of Animal Ecology* 75, no. 1 (January 2006): 14-24.
11 同前，19ページ。
12 G. Kerth, N. Perony, and F. Schweitzer, "Bats Are Able to Maintain Long-Term Social Relationships Despite the High Fission-Fusion Dynamics of Their Groups," *Proceedings of the Royal Society B: Biological Sciences* 278, no. 1719 (September 22, 2011).
13 著者によるデイヴィッド・ストーナーへのインタビュー，2016年6月10日付。
14 Bernd Heinrich, *Mind of the Raven: Investigations and Adventures with Wolf-Birds* (orig. pub. 1999; New York: Harper Perennial, 2007).

第6章　旅好きか家好きか

1 Else J. Fjerdingstad et al., "Evolution of Dispersal and Life History Strategies--*Tetrahymena* ciliates," *BMC Evolutionary Biology* 7, no. 1 (2007): 133.
2 Julien Cote et al., "Personality-Dependent Dispersal: Characterization, Ontogeny and Consequences for Spatially Structured Populations," *Philosophical Transactions of the Royal Society B: Biological Sciences* 365, no. 1560 (December 27, 2010): 4065-76.
3 Julien Cote et al., "Personality Traits and Dispersal Tendency in the Invasive Mosquitofish (*Gambusia affinis*)," *Proceedings of the Royal Society B: Biological Sciences* 277, no. 1687 (May 22, 2010): 1571-79.
4 Renée A. Duckworth, Virginia Belloni, and Samantha R. Anderson, "Cycles of Species Replacement Emerge from Locally Induced Maternal Effects on Offspring Behavior in a Passerine Bird," *Science* 347, no. 6224 (2015): 875-77.
5 同前。
6 Duckworth, "Behavioral Correlations Across Breeding Contexts."
7 同前。
8 Renée A. Duckworth, "Adaptive Dispersal Strategies and the Dynamics of a Range Expansion," *American Naturalist* 172, supplement (July 2008): S4-S17.
9 Christiaan Both et al., "Pairs of Extreme Avian Personalities Have Highest Reproductive Success," *Journal of Animal Ecology* 74, no. 4 (2005): 667-74.

第7章　生まれと育ちと

1 Niels J. Dingemanse et al., "Natal Dispersal and Personalities in Great Tits (*Parus Major*)," *Proceedings of the Royal Society of London B: Biological Sciences* 270, no. 1516 (2003): 741-47.
2 Pieter J. Drent, Kees van Oers, and Arie J. van Noordwijk, "Realized Heritability of

Personalities in the Great Tit (*Parus Major*)," *Proceedings of the Royal Society of London B: Biological Sciences* 270, no. 1510 (2003): 45-51.

3 Kayla Sweeney et al., "Assessing the Effects of Rearing Environment, Natural Selection, and Developmental Stage on the Emergence of a Behavioral Syndrome," *Ethology* 119, no. 5 (May 2013): 436-47.

4 同前，445ページ。

5 Theodosius Dobzhansky, "Nothing in Biology Makes Sense Except in the Light of Evolution," *American Biology Teacher* 35, no. 3 (March 1973): 125-29.

6 Richard Dawkins, *The Selfish Gene*, 30th anniv. ed. (Oxford, UK: Oxford University Press, 2006).［『利己的な遺伝子 増補新装版』リチャード・ドーキンス著／日高敏隆・岸由二・羽田節子・垂水雄二訳／紀伊国屋書店／2006年］

7 Claudio Carere et al., "Personalities in Great Tits, Parus Major: Stability and Consistency," *Animal Behaviour* 70, no. 4 (October 2005): 795-805.

8 LucyJones, "A Soviet Scientist Created the Only Tame Foxes in the World," BBC, http://www.bbc.com/earth/story/20160912-a-soviet-scientist-created-the-only-tame-foxes-in-the-world, accessed October 2, 2016.

9 Lyudmila Trut, Irina Oskina, and Anastasiya Kharlamova, "Animal Evolution During Domestication: The Domesticated Fox as a Model," *BioEssays* 31, no. 3 (March 2009): 349-60.

10 "Fox in a Box-The New Pet Craze," *Russia Today*, http://newsvideo.su/video/1727075, accessed May 28, 2017.

11 Raymond Coppinger and Lorna Coppinger, *Dogs: A New Understanding of Canine Origin, Behavior and Evolution* (Chicago: University of Chicago Press, 2002).

12 N. J. Dingemanse et al., "Fitness Consequences of Avian Personalities in a Fluctuating Environment," *Proceedings of the Royal Society B: Biological Sciences* 271, no. 1541 (April 22, 2004): 847-52.

13 Niels J. Dingemanse and Denis Réale, "Natural Selection and Animal Personality," *Behaviour* 142, no. 9-10 (2005): 1159-1184.

14 Denis Réale et al., "Consistency of Temperament in Bighorn Ewes and Correlates with Behaviour and Life History," *Animal Behaviour* 60, no. 5 (November 2000): 589-97.

15 J. M. Lusher, C. Chandler, and D. Ball, "Dopamine D4 Receptor Gene (DRD4) Is Associated with Novelty Seeking (NS) and Substance Abuse: The Saga Continues . . . ," *Molecular Psychiatry* 6, no. 5 (September 2001): 497-99.

16 Peter Korsten et al., "Association Between DRD4 Gene Polymorphism and Personality Variation in Great Tits: A Test Across Four Wild Populations," *Molecular Ecology* 19, no. 4 (February 2010): 832-43.

17 Braitman, *Animal Madness*.［『留守の家から犬が降ってきた——心の病にかかった動物たちが教えてくれたこと』ローレル・ブライトマン著］

18 Shau-Kwaun Chen et al., "Hematopoietic Origin of Pathological Grooming in

Hoxb8 Mutant Mice," *Cell* 141, no. 5 (May 2010): 775-85.
19 著者によるダックワースへのインタビュー。
20 Tessa Roseboom, Susanne de Rooij, and Rebecca Painter, "The Dutch Famine and Its Long-Term Consequences for Adult Health," *Early Human Development* 82, no. 8 (August 2006): 485-91.

第8章 利己的な群れ，寛大な遺伝子

1 R. W. Fairfull, L. McMillan, and W. M. Muir, "Poultry Breeding: Progress and Prospects for Genetic Improvement of Egg and Meat Production," Centre for Genetic Improvement of Livestock, University of Guelph, Ontario, http://cgil.uoguelph.ca/pub/6wcgalp/6wcFairfull.pdf, accessed October 10, 2016.
2 Margaret Heffernan, "Is the Professional Pecking Order Doing More Harm Than Good?," TED Talk, October 2, 2015, http://www.npr.org/2015/10/02/443412777/is-the-professional-pecking-order-doing-more-harm-than-good.
3 W. M. Muir and J. V. Craig, "Improving Animal Well-Being Through Genetic Selection," *Poultry Science* 77, no. 12 (1998): 1781-88.
4 StefanRiedel, "Edward Jenner and the History of Smallpox and Vaccination," *Baylor University Medical Center Proceedings* 18 (January 2005): 21, http://search.proquest.com/openview/85ba45308e9fd96b6db64f63fcf6d882.
5 "Variables: The Story of Smallpox-and Other Deadly Eurasian Germs," Gun, Germs, and Steel, PBS, http://www.pbs.org/gunsgermssteel/variables/smallpox.html, accessed July 2, 2016.
6 John Novembre, Alison P. Galvani, and Montgomery Slarkin, "The Geo- graphic Spread of the CCR5 Δ32 HIV-Resistance Allele," *PLOS Biology* 3, no. 11 (2005): 1954-62.
7 Dawkins, *The Selfish Gene*. [『利己的な遺伝子 増補新装版』リチャード・ドーキンス著]
8 著者によるジェイミー・ストレンジへのインタビュー，2016年3月4日付。
9 "Honey Bee Disorders: Honey Bee Parasites," Honey Bee Program, University of Georgia, http://www.ent.uga.edu/bees/disorders/honey-bee-parasites.html, accessed October 8, 2016.
10 J. P. Strange, "Nest Initiation in Three North American Bumble Bees (*Bombus*): Gyne Number and Presence of Honey Bee Workers Influence Establishment Success and Colony Size," *Journal of Insect Science* 10, no. 1 (2010): 1-11.
11 James Surowiecki, *The Wisdom of Crowds: Why the Many Are Smarter Than the Few* (New York: Anchor, 2005). [『群衆の智慧』ジェームズ・スロウィッキー著／小高尚子訳／角川 EPUB 選書／ 2014年]
12 De Waal, *The Bonobo and the Atheist*. [『道徳性の起源――ボノボが教えてくれること』フランス・ドゥ・ヴァール著]

第9章　ペアになる単独者たち

1　"If by Chance We Meet Again," *This American Life*, http://www.thisamericanlife.org/radio-archives/episode/291/reunited-and-it-feels-so-good?act=2, accessed September 16, 2016.

2　Wayne Pacelle, *The Bond: Our Kinship with Animals, Our Call to Defend Them* (orig. pub. 2011; New York: William Morrow Paperbacks, 2012).

3　F. Aureli and C. M. Schaffner, "Aggression and Conflict Management at Fusion in Spider Monkeys," *Biology Letters* 2007, no. 3 (2007): 147-49.

4　同前，147ページ。

5　De Waal, *The Bonobo and the Atheist.* [『道徳性の起源――ボノボが教えてくれること』フランス・ドゥ・ヴァール著]

6　著者によるギルバート＝ノートンへのインタビュー。

7　"Canines with a Cause-Saving Three Lives," https://canineswithacause.org/, accessed October 16, 2016.

8　Fink et al., "Men's Personality and Women's Perception of Their Dance Quality," *Personality and Individual Differences* 52 (January 2012): 232-35.

9　Safina, *Beyond Words.*

10　Edward O. Wilson, *Biophilia* (Cambridge, MA: Harvard University Press, 1984). [『バイオフィリア――人間と生物の絆』エドワード・O・ウィルソン著／狩野秀之訳／筑摩書房／2008年]

11　著者によるストーナーへのインタビュー。

ジョン・A・シヴィック（John A. Shivik）
捕食動物の研究，調査，管理，とくにコヨーテの研究を専門とする。アメリカの野生動物の管理の仕事も行なう。専門の論文を書くほかに，ポピュラーサイエンスの本も執筆。本書『まとまりがない動物たち：個性と進化の謎を解く *Mousy Cats and Sheepish Coyotes: The Science of Animal Personalities*』は初の邦訳書（原著は2017年刊，Beacon Press, Boston）。未訳書に *The Predator Paradox: Ending the War with Wolves, Bears, Cougars, and Coyotes*（2014年刊）がある。

染田屋茂（そめたや・しげる）
編集者・翻訳者。東北大学文学部卒。訳書に『「移動」の未来』『DEEP THINKING 人工知能の思考を読む』（以上，日経 BP），『極大射程』（扶桑社）などがある。

鍋倉僚介（なべくら・りょうすけ）
横浜市立大学国際文化学部卒。早稲田大学大学院文学研究科日本語日本文化専攻修士課程修了。訳書に『砂男』（共訳，扶桑社），『CHOCOLATE：チョコレートの歴史，カカオ豆の種類，味わい方とそのレシピ』（共訳，東京書籍）などがある。

まとまりがない動物《どうぶつ》たち
個性《こせい》と進化《しんか》の謎《なぞ》を解《と》く

●

2020年 5 月 28 日　第 1 刷

著者………ジョン・A・シヴィック
訳者………染田屋《そめたや》 茂《しげる》・鍋倉《なべくら》 僚介《りょうすけ》
装幀………佐々木正見
発行者………成瀬雅人
発行所………株式会社原書房
〒160-0022　東京都新宿区新宿1-25-13
電話・代表03(3354)0685
振替・00150-6-151594
http://www.harashobo.co.jp

印刷………新灯印刷株式会社
製本………東京美術紙工協業組合

ISBN978-4-562-05764-1 Printed in Japan